Zur Geschichte
der
aromatischen Diazoverbindungen.

Von

Dr. A. Eibner,
Privatdozent an der technischen Hochschule München.

München und Berlin.
Druck und Verlag von R. Oldenbourg.
1903.

Einleitung.

Die aromatischen Diazoverbindungen zählen sowohl hinsichtlich ihrer Eigenschaften als auch in bezug auf ihre Verwendung zu den interessantesten Körpern der organischen Chemie. Selten bot eine Klasse organischer Verbindungen der wissenschaftlichen Forschung eine solche Fülle interessanten Materiales, der Technick mehr praktischen Nutzen als die der Benzoldiazoverbindungen. Es entbehrt die Tatsache gewifs nicht des Reizes, dafs Stoffe, welche wegen ihrer enormen Zersetzlichkeit und der daraus folgenden Gefährlichkeit anfangs nur rein wissenschaftliches Interesse bieten zu können schienen, in kurzem sich zu Ausgangsmaterialien für eine Technik gestalteten, die alle vorher und nachher gefundenen Methoden der Darstellung von künstlichen organischen Farbstoffen in bezug auf Einfachheit der Gewinnung, Manigfaltigkeit und Brauchbarkeit der Produkte und somit an kommerzieller Bedeutung weit übertraf. Diese Körperklasse genügte demnach der Forderung praktischer Verwertbarkeit, die man an Produkte wissenschaftlicher

Forschung häufig zu stellen pflegt, in vollstem Maſse. P. Grieſs, der geniale Entdecker der aromatischen Diazoverbindungen, übermittelte nämlich der Nachwelt nicht nur die Kenntnis einer so groſsen Anzahl von Individuen dieser Art, daſs in der Folge hierin nur noch weniges hinzugefügt werden muſste, sondern er war es auch, der neben anderen Forschern zuerst mit der praktischen Verwertung dieser Körperklasse bekannt machte.

Die erste umfassende Theorie der Benzoldiazoverbindungen verdanken wir A. Kekulé. Sie behauptete fast 30 Jahre lang das Feld und verdrängte auch inzwischen geäuſserte Anschauungen anderer Forscher. Nachdem jedoch schon frühzeitig eine Reihe von Tatsachen bekannt geworden war, zu deren Erklärung sie nicht hinreichte, trat die Chemie der aromatischen Diazoverbindungen seit dem Jahre 1893 in ein Stadium höchster wissenschaftlicher Bedeutung, welche sich in erster Linie an die Namen Bamberger und Hantzsch knüpft. Die wissenschaftliche Kontroverse, welche sich zwischen beiden Forschern um die Konstitution dieser Körperklasse entspann, erscheint nach siebenjähriger Dauer zu einem derartigen Abschlusse gelangt und die Theorie der aromatischen Diazoverbindungen von Hantzsch nunmehr zu solcher Vollständigkeit gereift zu sein, daſs eine abgerundete Darstellung des ganzen Gebietes nicht mehr verfrüht sein dürfte.

Wenn je ein Kapitel wissenschaftlicher Forschung gleicherweise interessant ist für Forscher und Lernende, wegen der Schwierigkeiten, die das Material bot, wegen der Überwindung derselben durch vollendete Experimentierkunst, ferner durch die weitgehende Anwendung der Phantasie zur Weiterführung des durch erstere gebahnten Weges und endlich infolge der Zuhilfenahme neuer umfassender Theorien zur entgültigen Lösung des Problems, so erscheint gerade das der aromatischen Diazoverbindungen als ein solches, da es die erwähnten Momente des Interesses in sich vereinigt. Ganz besonders in letzter Hinsicht wirkte das Studium dieser Körperklasse aufklärend, indem es u. a. zeigte, dafs der früher fast ausschliefslich betretene rein chemische Weg der Analyse und Synthese nicht hinreicht, um Fragen nach der Konstitution bzw. Konfiguration tautomerer Atomkomplexe zu lösen, sondern dafs es sehr allgemein und ganz besonders in Fällen, in welchen die fraglichen Stoffe nicht als solche isoliert werden können, erst mit Hilfe physicochemischer Methoden und Theorien gelingt, derartige Probleme zu lösen. Konnte es doch z. B. früher vorkommen, dafs man Verbindungen die Eigenschaften wahrer unitärer organischer Komplexe zuschrieb, die später als Elektrolyte erkannt wurden.

Das Problem der aromatischen Diazoverbindungen vermehrte und erweiterte aufserdem die Beziehungen zwischen den Disziplinen der anorganischen und organischen Chemie auf der gemeinsamen Grundlage der Dissociationstheorie von Arrhenius in glücklichster Weise und in einer Ausdehnung, wie sie vorher nicht bekannt war. Die Anwendung dieser Theorie zur Erklärung des Wesens jener halb anorganisch zu nennenden Verbindungen, welche infolge besonderer Anordnung ihres rein anorganischen Teiles metallartigen Charakter zeigen können, obwohl fast nur negative Elemente und Gruppen hierbei in Betracht kommen, führte in der Tat dieses anfangs als analogielos betrachtete Verhalten auf bekannte Verhältnisse zurück und wird in Zukunft auch in ähnlichen Fällen Licht bringen, von welchen Van t'Hoff mit Bezugnahme auf die Jodoniumverbindungen sagt, dafs dort nur der wundervolle Instinkt des Chemikers den Weg zu finden wisse.

Ernsteste Bedeutung aber gewinnt dieses Kapitel der organischen Chemie dadurch, dafs wir aus ihm ersehen, wie der organische Chemiker unserer Tage in manchen Fragen aus dem Stadium des Meinens und Schätzens allmählich in das des exakten Wissens durch Messen zu gelangen vermag. Die Physiognomie unserer heutigen Chemie scheint daher mit der jener längst vergangenen Zeiten einige Ähnlichkeit zu haben, als durch die Anwendung der Wage die Irrtümer der phlogistischen Zeit aufgedeckt zu werden begannen.

Höchst beachtenswert dürfte ferner die auch aus diesen Untersuchungen zu schöpfende Thatsache sein, dafs die Methode der reinen Induktion bei Behandlung chemischer Probleme weniger rasch zu umfassenden Resultaten führt, als die des Analogieschlusses, durch den bei einer Körperklasse das Eintreffen einer Reihe von Erscheinungen auf Grund der Ähnlichkeit derselben mit einer zweiten in bezug auf einige wesentliche Merkmale vorausgesagt wird. Diese Art des Schlusses verliert ihre Bedenklichkeit, wenn er durch genügendes Beweismaterial gestützt ist und es tritt gerade hier der von Van t'Hoff so scharf betonte Wert der Phantasie in bezug auf die Lösung umfassender wissenschaftlicher Probleme deutlich zutage.

Die vorliegende Arbeit ging aus einer vor mehreren Jahren begonnenen Zusammenstellung für Vorlesungszwecke hervor. Die damals gewählte historische Darstellung des Gebietes ist auch hier beibehalten, da sie mir die allmähliche Lösung des Problems am besten zur Anschauung zu bringen scheint. Im Interesse eines gröfseren Leserkreises wurden am geeigneten Orte Erklärungen eingeschaltet.

Das Erscheinen der während der Fertigstellung dieser Studie veröffentlichten Arbeit von Professor A. Hantzsch: »Die Diazoverbindungen« liefs mich Anfangs starkes Bedenken tragen, meinen Versuch neben ein Werk von solch autoritativer Seite zu setzen; doch entschlofs ich mich zuletzt zur Veröffentlichung, da die Anlage dieser Arbeit im

Gegensatze zu jener eine durchaus historische ist und sie so vielleicht manchem als eine Ergänzung zur ersteren dienen kann.

Den Herren Fachgenossen wäre ich für Berichtigungen und Vorschläge zu Verbesserungen zu gröſstem Danke verpflichtet.

Der Verlagsbuchhandlung R. Oldenbourg in München spreche ich für ihr Entgegenkommen und die hübsche Ausstattung des Buches den ergebensten Dank aus.

München im September 1903.

A. Eibner.

Inhaltsverzeichnis.

Entwicklung der Theorie der Diazoverbindungen von Griefs bis Kekulé (1849—1866).

Die Ammoniakderivate der Alkoholradikale der Fettreihe, deren Existenz von Liebig schon im Jahre 1842 vorausgesehen worden war, wurden zum ersten Male von Wurtz[1]) erhalten und in ergiebiger Weise von A. W. Hofmann in den Jahren 1849—1851 dargestellt. Sie unterscheiden sich durch ihr Verhalten gegen salpetrige Säure von einander. Die primären Amine lieferten hierbei, wie Hofmann fand, primäre Alkohole[2]), eine Reaktion, welche in der anorganischen Chemie der Zerlegung von salpetrigsaurem Ammon in Stickstoff und Wasser entspricht:

$$NH_4 \cdot NO_2 \rightarrow N_2 + 2\,H_2O$$
$$NH_3R \cdot NO_2 \rightarrow N_2 + H_2O + ROH.$$

---

[1]) Ann. Chim. Phys. (3) **30**, 443 [1848].

[2]) Über Ausnahmen von dieser Regel bei höheren Aminen siehe Ber. **16**, 755 [1883].

Sie erwies sich später als eine nur der primären Aminogruppe eigentümliche Reaktion. So fand u. a. im Jahre 1848 Piria[1]) dafs das Asparagin

$$\begin{array}{l} H_2C - CONH_2 \\ \quad | \\ HC - COOH \\ \quad | \\ \; NH_2 \end{array}$$

sich mittels salpetriger Säure in Äpfelsäure verwandeln läfst. Kurz darauf stellte Strecker aus Glykokoll die Glykolsäure, aus Leucin die Leucinsäure und aus Hippursäure die Benzoylglykolsäure dar. Seit dieser Zeit wurde die salpetrige Säure allgemein als Reagens auf primäre Amine angesehen und benutzt und das Wesen dieser Reaktion in der völligen Elimination des gesamten Stickstoffes sowohl des Amines als der salpetrigen Säure, Abscheidung desselben in molekularer Form und Ersatz der Aminogruppe durch Hydroxyl, also Bildung von Alkoholen (bezw. deren Salpetrigsäureestern) erblickt. Die Carbaminogruppe der Säureamide geht bei dieser Reaktion in analoger Weise in Carboxyl über.

Die Amine der aromatischen Reihe schienen sich zunächst hinsichtlich des Verhaltens gegen salpetrige Säure nicht von den aliphatischen zu unterscheiden, denn Hunt[2]) fand im Jahre 1849, dafs Anilin mit salpetriger Säure, bezw. dafs salzsaures Anilin mit

---

[1]) Ann. 68, 343 [1848].

[2]) Silliman's Americ. Journ. Nov. 1849, Ann. 76, 285 [1850].

Silbernitrit in Phenylsäure (Phenol) übergeht und A. W. Hofmann[1]) bestätigte die Richtigkeit dieses Fundes. Sodann hatte Gerland[2]) im Jahre 1853 die Anthranilsäure von Fritsche auf diese Weise in Salicylsäure verwandelt.

Einige in diese Zeit fallende Beobachtungen bereiteten jedoch eine andere Auffassung dieser Reaktion vor. So verwandelt sich nach A. Noble[3]) das Benzidin mittels salpetriger Säure in Azobenzol und Ganahl[4]) fand, dafs dieselbe Säure mit salpetersaurem Naphtalidin (Naphtylamin) eine Verbindung von der Zusammensetzung $C_{18}H_6N_2O_8$ bildet. Die erste dieser Beobachtungen zeigt, dafs bei Einwirkung von salpetriger Säure auf primäre Amine nicht nur Alkohole, sondern auch stickstoffhaltige Derivate entstehen können und die zweite, dafs hierbei unter besonderen Umständen sich sogar Verbindungen bilden, deren Stickstoffgehalt gröfser ist als der des angewandten Amins. Dafs derartige, früher unbekannte Reaktionen der salpetrigen Säure gerade bei Aminen der aromatischen Reihe auftraten, schien beachtenswert, doch bedurfte es des Genius eines P. Griefs, um das Wesen dieser Reaktion und ihren Zusammenhang

[1]) Ann. **75**, 359 [1850]; vgl. Mathiesen Ann. **108**, 212 [1858].

[2]) Ann. **86**, 147 [1853].

[3]) Ann. **98**, 255 [1856].

[4]) Ann. **99**, 240 [1850].

mit der bisher bei aliphatischen primären Aminen beobachteten aufzuklären.

Im Jahre 1858 begann dieser geniale Forscher die Reihe seiner berühmten Untersuchungen über diesen Gegenstand unter dem Titel: »Über eine neue Klasse organischer Verbindungen, in denen Wasserstoff durch Stickstoff vertreten ist.«[1]) Diesen hauptsächlich in den Annalen der Chemie und Pharmazie sowie anderen deutschen und ausländischen Zeitschriften niedergelegten Untersuchungen war ungeahnter wissenschaftlicher und praktischer Erfolg beschieden. Sie zeigten u. a., daſs der Verlauf der Reaktion einer bestimmten Atomgruppe

[1]) Phil. Mag. **17**, Nr. 115 p. 870. — Compt. rend. t. 49, Nr. 2 p. 77 [1859]. — Phil. Trans. **3**, 678 u. 700 [1864]. — Journ. Chem. Soc. [2], **3**, 268 u. 298 [1865]. — Journ. Chem. Soc. [2], **4**, 57 [1866]; Journ. Chem. Soc. [2], **5**, 36 [1867]. — Ann. Chem. Pharm. **106**, 123 [1858]; **113**, 201, 337 [1860]; **117**, 1 [1861]; **121**, 257 [1862]. Suppl. I., 100 [1861]; **137**, 39 [1866]. — Ber. d. d. chem. Ges. **2**, 369 [1869]; **7**, 1618 [1874]; **9**, 132, 627, 1653 [1876]; **11**, 624 [1878]; **12**, 2119 [1879]; **14**, 2032 [1881]; **15**, 2183 [1882]; **16**, 2028 [1883]; **17**, 338 [1884]. — Referate: Chem. Zentralblatt: **1860**, 369; **1861**, 309, 324, 679; **1862**, 465; **1863**, 125; **1866**, 97, 686; **1870**, 260; **1875**, 85; **1876**, 245, 516; **1877**, 21, 341; **1878**, 391; **1879**, 117; **1881**, 685. — Journ. f. pr. Chem. (a. F.) **79**, 145, 208 [1860]; **96**, 379 [1865]; **97**, 369 [1866]; **98**, 310; **101**, 74 [1867]. — Zeitschr. f. Chem.: **5**, 97 [1862]; **7**, 193, 289, 462 [1864]; **8**, 157, 427, 527 [1865]; **9**, 1, 201, 217 [1866]; **10**, 164, 536 [1867]; **12**, 574 [1869]; **13**, 510 [1870]. — Jahresber. d. Chem. **1867**, 412; **1870**, 690, 953; **1874**, 772; **1876**, 714 ff.; **1877**, 489, 504; **1878**, 1047; **1879**, 452, 464; **1881**, 490, 870; **1882**, 585, 594; **1883**, 762; **1884**, 794, 818, 842, 1875; **1885**, 837, 1024 ff.; **1886**, 1005 ff.

manchmal in mehreren Phasen stattzufinden pflegt, und dafs die Reaktionen Funktionen derjenigen Atomkomplexe sind, welche der reagierenden Gruppe benachbart sind, d. h. im speziellen Falle; eine mit einem aliphatischen Kohlenwasserstoffrest verbundene Aminogruppe liefert bei der Einwirkung von salpetriger Säure im allgemeinen[1]) ohne Zwischenstufe den Alkohol; befindet sie sich dagegen am Phenylreste, so entstehen als Zwischenprodukte die von Griefs entdeckten neuen Verbindungen. Die Entstehung dieser interessanten Körperklasse wie auch der gleichartigen aliphatischen Verbindungen setzt also im allgemeinen die Anwesenheit einer schwach basischen Aminogruppe voraus.

Griefs konnte daher alsbald mit der neuen Tatsache bekannt machen, dafs Aminoverbindungen der aromatischen Reihe mit salpetriger Säure bei niedriger Temperatur ohne Entwicklung von Stickstoff unbeständige, endothermische, meist durch grofse Explosionskraft ausgezeichnete Verbindungen liefern, deren Stickstoffgehalt gröfser ist als jener der angewendeten Amine, da sie sowohl den Aminstickstoff, als jenen der salpetrigen Säure enthalten. Diese Reaktion war in Bezug auf den relativen Stickstoffgehalt der Ausgangs- und Endprodukte derjenigen ähnlich, mittels welcher Mitscherlich im Jahre 1834 durch gelinde Reduktion des Nitrobenzols das

[1]) Siehe Fufsnote [1]) auf S. 6.

Azobenzol, ferner Zinin im Jahre 1845 das Azoxybenzol und A. W. Hofmann im Jahre 1863 das Hydrazobenzol erhielt. Zum Unterschiede von dieser als »Azoverbindungen« bezeichneten Körperklasse nannte Griefs die neuen Verbindungen, da sie nicht wie jene auf einen Phenylrest ein, sondern zwei Stickstoffatome enthalten: »Diazoverbindungen«.[1])

Zum Verständnis der Tatsache, dafs Griefs zunächst nicht die einfachsten Diazoverbindungen, wie die Diazosalze der Mineralsäuren erhielt, ist zu erwähnen, dafs er anfangs nicht die primären Amine selbst, sondern Aminobenzoësäuren der neuen Reaktion unterzog, ferner, dafs er die Verbindungen im freien Zustande und meist in alkoholischer Lösung verwendete und endlich die salpetrige Säure nicht im Überschusse anwandte; Versuchsbedingungen, welche, wie jetzt bekannt, nicht die Bildung von Diazosäuresalzen, sondern jene von Diazoaminoverbindungen veranlassen.

Die ersten Diazoverbindungen, welche Griefs darstellte, waren aus der Amidodinitro- und Amido-

---

[1]) Im Jahre 1883 fand Curtius, dafs auch Aminogruppen in aliphatischen Verbindungen, sofern sie durch Nachbargruppen schwach basisch gemacht sind, mit salpetriger Säure unter Bildung von Diazoverbindungen zu reagieren vermögen. Es gibt also aromatische und aliphatische Diazoverbindungen. Über letztere vergl. u. a. Ber. **16**, 2230 [1883]. Curtius, Diazoverbindungen der Fettreihe, München 1886 bei Straub. Ferner Thiele, Ann. **270**, 1; **273**, 133; Ber. **26**, 2598, 2645 [1893]. Pechmann, Ber. **28**, 1624, 2377 [1895].

nitrophenylsäure von Laurent und Gerhardt erhalten und werden als kristallinische, bei Wasserbadtemperatur explodierende Körper beschrieben. Sodann erhielt er aus Pikraminsäure das Diazodinitrophenol in messinggelben, beim Erhitzen verpuffenden Blättchen. Im Jahre 1861 ging Griefs dazu über, die Aminoderivate der Benzoë- und Toluylsäure, sowie der Anis- und Cuminsäure[1]) in Bezug auf die Diazoreaktion zu prüfen und erhielt Verbindungen, welche er als Doppelsäuren bezeichnete. Die aus Aminobenzoësäure erhaltene nannte er Diazobenzoë-amidobenzoësäure. Nach heutigem Sprachgebrauche sind diese Säuren Diazoaminoverbindungen.

Erst im Jahre 1862 wandte Griefs die von ihm entdeckte Reaktion auf das Anilin selbst an, indem er es in alkoholischer Lösung mit gasförmiger salpetriger Säure behandelte. So erhielt er zum ersten Male das Diazoaminobenzol. Hierauf stellte er nitrierte, chlorierte und bromierte Diazoaminobenzole aus den betreffenden substituierten Anilinen, sowie Diazoaminotoluole dar. Inzwischen hatte er jedoch schon die interessante Tatsache ermittelt, dafs die von ihm erhaltenen Diazoaminoverbindungen bei der Einwirkung von salpetriger Säure in alkoholischer Lösung nochmals Wasserstoff gegen Stickstoff ersetzen und auf diese Weise neue Diazoverbindungen in Form

[1]) Ann. **113**, 337 [1860]; Ann. **117**, 1 [1861].

ihrer salpetersauren Salze bilden. Grieſs nannte das einfachste dieser Salze, welches sich vom Diazoaminobenzol ableitete, »salpetersaures Diazophenyldiamin« und gab ihm die Formel:

$$\left.\begin{matrix} C_{12}H_4\overset{\prime\prime\prime}{N} \\ C_{12}H_4\overset{\prime\prime\prime}{N} \end{matrix}\right\} N_2(NO_6)_2.$$ [1])

Mit Recht nennt Grieſs diese Salze die interessantesten der Chemie. Besonders merkwürdig sei ihre Eigenschaft, beim Erhitzen oder durch Stoſs mit beispielloser Heftigkeit zu explodieren, wobei sie eine zerstörende Wirkung ausüben, welche jene des Knallquecksilbers noch überträfe. Wir wissen heute, daſs Grieſs damals schon in seinem salpetersauren Diazophenyldiamin das später »salpetersaures Diazobenzol«, heute »Benzol-Diazoniumnitrat« genannte Salz in Händen hatte. Bald darauf arbeitete er die erste rationelle Darstellung dieses Salzes direkt aus dem Anilin aus, deren Prinzip darin besteht, daſs das Anilin in Form eines mineralsauren Salzes vorhanden sein muſs, sofern sich von Anfang an ein Salz des Diazobenzols und nicht Diazoaminobenzol bilden soll. Diese heutzutage im Laboratorium nur selten, in der Technik gar nicht in Anwendung kommende Methode zur Darstellung eines Diazosäuresalzes in fester Form ist kurz folgende: In einen Brei von reinem salpetersauren Anilin und Wasser

---

[1]) Ann. Suppl. I, 100 [1861].

leitet man unter Kühlung mit Eis gasförmige salpetrige Säure, welche aus Salpetersäure und Arsentrioxyd erhalten ist und unterbricht die Zufuhr des Gases, sobald eine Probe der Flüssigkeit mit Alkalien kein Anilin mehr abscheidet. Da das Nitrat des Diazobenzols in Wasser leichter löslich ist als Anilinnitrat, so hat sich am Ende der Operation alles Anilinsalz gelöst. Das Diazoniumnitrat wird sodann durch Zusatz von Alkohol und Äther zur erhaltenen Lösung in Form feiner farbloser Nadeln gefällt und durch Absaugen und Waschen mit Äther gereinigt.[1]) Diese Methode gibt nur bei genauer Einhaltung der Versuchsbedingungen sichere Resultate. Andernfalls, besonders bei ungenügender Kühlung, zersetzt sich das Diazosalz während des Entstehens unter Entwicklung von Stickstoff und Harzbildung. Die Gewinnung des salpetersauren Diazobenzols aus Diazoaminobenzol und salpetriger Säure wurde schon erwähnt, und endlich erhielt Griefs dasselbe auch durch fortgesetzte Einwirkung von überschüssiger salpetriger Säure auf in Alkohol gelöstes Anilin.

Das Diazobenzolsulfat stellte Griefs aus dem Nitrate dar, indem er die konzentrierte Lösung desselben in Wasser mit Schwefelsäure (1 : 2) versetzte und mit Alkohol-Äther das Salz in fester Form fällte. Das bromwasserstoffsaure Diazobenzol erhielt er

---

[1]) Ann. **137**, 39 [1866].

durch Einwirkung von Brom auf Diazoaminobenzol ebenfalls in kristallinischem Zustande.[1])

[1]) Die Darstellung der Diazosäuresalze in fester Form ist bei manchen derselben, wenn gröfsere Mengen in Frage kommen, gefahrvoll und umständlich. Nachdem sie als Komponenten zur Herstellung von Azofarbstoffen in gröfster Menge in der Technik Verwendung gefunden hatten, war sie zwecklos geworden und eine Methode zur Darstellung derselben in wässeriger Lösung, welche von V. Meyer und Ambühl (Ber. 8, 1073 [1875]) angegeben ist, willkommen. Sie scheint der noch zu erwähnenden Methode zur Darstellung von Aminoazobenzol nach Martius nachgebildet zu sein und besteht darin, dafs eine sehr verdünnte Lösung von 1 Mol. Anilin in 2 Mol. Salzsäure langsam und unter Kühlung mit einer Lösung von 1 Mol. Natriumnitrit versetzt wird. Die so erhaltene Lösung kann sofort durch Kombination mit einem Amin oder Phenol zur Herstellung eines Azofarbstoffes Verwendung finden.

Eine Methode zur Herstellung von Diazobenzolsulfat in fester Form ist von Knövenagel (Ber. 28, 2048 [1895]) angegeben und wird zeitweilig im Laboratorium angewendet: Man versetzt hiernach eine Lösung von Anilin in konzentrierter Schwefelsäure und Alkohol unter Fällung mit Amylnitrit.

In neuester Zeit wurde von Hantzsch und Jochem (Ber. 34, 3337 [1901]) eine Methode angegeben, nach welcher hauptsächlich Diazobenzolchlorid und Sulfat in beliebigen Quantitäten und vollkommener Reinheit rasch in fester Form erhalten werden können. »50 g reines salzsaures Anilin werden in der dreifachen Menge Eisessig gelöst resp. suspendiert und unter Turbinieren portionenweise bei einer 10° nicht übersteigenden Temperatur mit etwas mehr als der berechneten Menge Amylnitrit versetzt. Das ungelöste Anilinsalz verschwindet rasch; die Diazotierung ist vollständig, sobald eine gezogene Probe mit Natriumacetat keine gelbe Färbung mehr gibt. Wird die Lösung hierauf mit Äther versetzt, so scheidet sich ein dicker Kristallbrei weifser Nadeln von salzsaurem Diazobenzol ab, das sich durch seine neutrale Reaktion als rein erweist. Die Ausbeute an gut ausgewaschenem exsikkatortrockenem Salze ist fast quantitativ, da aus 50 g Anilinsalz rund 53 g Diazobenzolchlorid

Die Aufzählung der folgenden, ebenfalls von Griefs dargestellten Derivate des Diazobenzols[1]) soll teils diese für die Aufklärung der Constitution der Diazoverbindungen meist wichtigen Körper im Zusammenhange kennen lehren, aber auch zeigen, dafs wir unsere heutige Kenntnis dieser Körperklasse fast ausschliefslich P. Griefs zu verdanken haben und dafs seither nur wenige neue derselben angehörige Verbindungen erhalten wurden.

Das Diazobenzolperbromid, von Griefs Bibrom-Bromwasserstoff-Diazobenzol genannt, wurde durch Einwirkung einer Lösung von Brom in Bromwasserstoffsäure auf das Nitrat in Form orangegelber Blättchen erhalten. Griefs beobachtete schon, dafs in dieser Verbindung zwei Atome Brom minder fest gebunden sind als das dritte und durch fortgesetztes Behandeln mit Äther unter Rückbildung von brom-

---

also 98% der Theorie erhalten wurden. Analog entsteht sehr bequem Diazobenzolsulfat, wenn in gleicher Weise Anilinsulfat bei Anwesenheit der berechneten Menge Schwefelsäure diazotiert wird. Die Kristallabscheidung wird ebenfalls mit Äther bewerkstelligt, nachdem dem Eisessiggemische zuvor etwas Alkohol zugefügt war. Aus 54 g Anilinsulfat wurden erhalten 56 g Diazobenzolsulfat, also 95% der Theorie.«

Hierher gehört auch die sog. »Isodiazotierung« des Anilins nach Bamberger (Ber. **33,** 3511 [1901]). Durch Kochen mit Nitritestern und Natriumäthylat. Es wird hierbei direkt Isodiazobenzolkalium erhalten. Über dieses und die Isodiazotierung des Anilins siehe S. 85 und 94.

[1]) Vergl. die vierte Abhandlung von Griefs über Diazoverbindungen. Ann. **137,** 39 [1866].

wasserstoffsaurem Diazobenzol entfernt werden können. Er verglich dieses Produkt daher mit den Superjodiden des Tetraäthylammoniums und nannte es ein Perbromid. Sodann zeigte er, dafs Diazobenzolsulfat und -Nitrat mit salzsäurehaltigem Platinchlorid bezw. Goldchlorid kristallinische Doppelsalze liefern, deren Zusammensetzung, wie er fand, jener des Ammoniumplatinchlorids bezw. Ammoniumgoldchlorids analog ist. Griefs hätte also damals schon hieraus den Schlufs ziehen können, dafs die Diazosäuresalze zu den Ammoniumverbindungen zählen.

Diazobenzolkalium, von Griefs Diazobenzol-Kaliumhydrat genannt, erhält man durch allmähliches Eintragen einer kalt gesättigten wässerigen Lösung von salpetersaurem Diazobenzol in viel überschüssige, äufserst konzentrierte Kalilauge und Eindampfen der erhaltenen gelb gefärbten, aromatisch riechenden Flüssigkeit auf dem Wasserbade als weifse kristallinische Masse, welche durch Umkristallisieren aus Alkohol in weifsen perlmutterglänzenden Blättchen erhalten wird, deren wässerige Lösung stark alkalisch reagiert, also hydrolytisch gespalten ist und sich beim Erwärmen unter Abscheidung eines braunroten Körpers zersetzt. Salze der Schwermetalle fällen aus den Lösungen des Kalisalzes des Diazobenzols unlösliche farblose, meist amorphe Niederschläge.

Das freie Diazobenzol erhielt Griefs durch Zusatz der äquimolekularen Menge Essigsäure zu einer

Lösung des Kaliumsalzes als schweres gelbliches Öl von aromatischem Geruche, welches schon nach wenigen Augenblicken unter Entwicklung von Stickstoff in ein braunrotes Harz verwandelt wird. Gröfsere Mengen zersetzen sich unter Explosion. Mit Mineralsäuren bildet das freie Diazobenzol die einfachen Salze, mit Platinchlorid Doppelsalz.

Von den zahlreichen Verbindungen des Diazobenzols mit organischen Basen, welche Griefs darstellte, ist, wie erwähnt, die erste das Diazoaminobenzol, welches er zuerst durch Einwirkung von salpetriger Säure auf überschüssiges Anilin in alkoholischer Lösung erhalten hatte. Da es bei Behandlung mit salpetriger Säure in salpetersaures Diazobenzol übergeht, lag es nahe, die Darstellung des Diazoaminobenzols aus Diazobenzolsalz und freiem Anilin zu versuchen. Dieselbe gelang in der Tat durch Vermischen äquimolekularer wässeriger Lösungen von salpetersaurem Diazobenzol und freiem Anilin. Endlich erhielt Griefs diese Verbindung auch durch Einwirkung der Lösungen von salzsaurem Anilin und Diazobenzolkalium aufeinander.[1]) Das Diazoaminobenzol kristallisiert aus Ligroïn in gelben, bei 92° unzersetzt schmelzenden Blättchen; erst bei höherer Temperatur verpufft es schwach. Durch diese

[1]) Über die Darstellung des Diazoaminobenzols aus Anilinsalzen und salpetrigsauren Salzen siehe Martius, Journ. f. pr. Chem. 98, 94 [1867].

Untersuchungen hatte Griefs festgestellt, dafs sich Diazobenzolsalze der Mineralsäuren und Diazoaminobenzol wechselseitig ineinander überführen lassen. Er fafste letzteresals eine Doppelverbindung von Diazobenzol und Anilinauf[1]) und stellte auf Grund dieser Anschauung durch Kombination von primären aromatischen Aminen mit Diazosäuresalzen eine Reihe von Diazoaminoverbindungen her, wie Diazobenzol-Amidotoluol, Diazobenzol-Amidonaphtol etc. In diese Reihe gehören auch die schon eingangs erwähnten Verbindungen des Diazobenzols mit Aminosäuren.

Durch Einwirkung von Ammoniak, Äthylamin und ähnlichen organischen Basen auf das Perbromid des Diazobenzols erhielt Griefs eine Reihe von Iminoverbindungen des Diazobenzols, deren einfachste das Diazobenzolimid ist. Es bildet im rohen Zustande ein schweres braunes, durch Destillation mit Wasserdampf gereinigt, ein gelbes Öl von betäubend aromatisch-ammoniakalischem Geruche, das sich beim Destillieren unter Explosion zersetzt.

Die Unbeständigkeit der Diazosäuresalze und sonstigen Diazoverbindungen regte Griefs zum Studium

[1]) Das Diazoaminobenzol wurde von Fittig für ein amidiertes Azobenzol angesehen (Ann. **124**, 284 [1862]). Erlenmeyer hatte die gleiche Auffassung von der Zusammensetzung der Diazoaminobenzoësäure von Griefs. Zeitschr. f. Chem. 1863, 680; wogegen Griefs die Labilität der Diazoaminoverbindungen gegenüber der Beständigkeit der Azoverbindungen hervorhob (Ann. **121**, 99 [1862]). Weiteres über Diazoaminobenzol siehe S. 22, 41, 45 und 46.

ihrer Zersetzungsprodukte an. Das Resultat dieser Untersuchungen läfst sich in die drei wichtigsten Lehrsätze der Chemie der aromatischen Diazoverbindungen zusammenfassen. Dieselben lauten:

1. Die Salze des Diazobenzols mit Mineralsäuren werden beim Erhitzen mit Wasser unter Stickstoffentwicklung zerlegt. Es bilden sich die dem angewandten Amin entsprechenden **Phenole**[1]) und die betr. freie Mineralsäure.

Die Reaktion der aromatischen Amine mit salpetriger Säure unterscheidet sich also von jener der aliphatischen Amine nur durch das Auftreten der Diazoverbindungen als Zwischenprodukte; die Endprodukte beider Reaktionen sind analog.

2. Diazosäuresalze gehen beim Erwärmen mit absol. Alkohol in die betr. Kohlenwasserstoffe (Benzol etc.) unter gleichzeitiger Bildung von Aldehyd über. Als Nebenprodukte bilden sich Phenoläther.[2])

[1]) Bezw. in einigen Fällen. Phenoläther der Nitrophenole; als Nebenprodukt entsteht p-Oxydiphenyl.

[2]) Durch die neuesten Untersuchungen von Hantzsch ist nachgewiesen, dafs die normale Umsetzung der Salze des Diazobenzols mit Mineralsäuren nicht in der Bildung von Kohlenwasserstoffen, sondern in jener von Phenoläthern besteht. Die Menge der als Nebenprodukte auftretenden Kohlenwasserstoffe ist proportional dem Molekulargewichte des reagierenden Alkohols und der Zahl der im Benzolkern befindlichen negativen

Griefs lehrte also zum ersten Male die Reduktion eines primären aromatischen Amines zum Kohlenwasserstoff mittels der Diazosalze kennen.

3. Durch Zersetzung von Salzen des Diazobenzols mit Halogenwasserstoffsäuren, deren Platindoppelsalzen und der Diazoperhaloide lassen sich Halogensubstitutionsprodukte der Benzolkohlenwasserstoffe erhalten.

So stellte Griefs durch Vermischen einer wässerigen Lösung von Diazobenzolsulfat mit Jodwasserstoffsäure Jodbenzol dar. Der Diazostickstoff entweicht hierbei schon bei gewöhnlicher Temperatur. Beim Destillieren eines Gemisches von Diazobenzolplatinchlorid mit Soda erhielt er Chlorbenzol, das bromwasserstoffsaure Diazobenzol-Platinbromid lieferte Brombenzol, welches auch durch Destillation von Diazobenzolperbromid erhalten wurde. Aus halogensubstituierten Diazosäuresalzen erhielt Griefs dann u. a. Chlorbrom-, Bromjod-[1]), Dibrom- und Dijodbenzol.[2]) Diese Reaktionen gaben später zur Ausbildung der

---

Gruppen. Ber. **34**, 3337 [1901]. Bessere Ausbeuten an Kohlenwasserstoffen liefert die Methode von Friedländer, nach welcher das Diazobenzolsalz in wässeriger Lösung mit Zinnoxydulnatron behandelt wird. Ber. **22**, 587 [1889]. Über die Bildung von Phenylhydrazin als Neben- bezw. Zwischenprodukt dieser Reaktion siehe das Kapitel: Diazotate und Isodiazotate.

[1]) Zeitschr. f. Chem. **9**, 1 [1866].

[2]) Zeitschr. f. Chem. **10**, 536 [1867].

schönen Methoden von Sandmeyer[1]) und Gattermann[2]) der Gewinnung von Halogenbenzolen etc. aus Diazosalzen Anlafs.

Griefs erhielt ferner schon im Jahre 1862 durch Diazotierung des Benzidins die erste Bisdiazoverbindung und stellte auch ein Diazonaphtalin dar. Interessant ist aufserdem, dafs er bei Einwirkung von gasförmiger salpetriger Säure auf salpetersaures Äthylanilin nicht, wie er erwartet hatte, eine äthylierte Diazoverbindung, sondern unter Abspaltung der Athylgruppe salpetersaures Diazobenzol neben Alkohol erhielt. Endlich wurden von Griefs einige Vorgänge beobachtet, die bis heute noch nicht völlig aufgeklärt sind; so die Zersetzung des Diazobenzolkaliums in wässeriger und alkoholischer Lösung (vergl. Kapitel: Diazoester) und ferner die Einwirkung von Ammoniak auf Diazoaminobenzol.

Das Verdienst, welches sich dieser ausgezeichnete Forscher um die Kenntnis der aromatischen Diazoverbindungen erworben hat, wäre grofs genug gewesen, wenn es sich auf das rein wissenschaftliche Gebiet beschränkt hätte. Durch die Darstellung der ersten Azofarbstoffe leistete er jedoch neben anderen Forschern auch der chemischen Grofsindustrie unschätzbare Dienste. Die Firma Simpson, Maule & Nicholson brachte seit dem Jahre 1859 unter

[1]) Ber. 17, 1633, 2650 [1884].
[2]) Ber. 23, 1218 [1890].

dem Namen Anilingelb einen Farbstoff in den Handel, den Mène[1]) zum ersten Male aus Anilin und salpetriger Säure erhalten hatte. Man hielt ihn für identisch mit dem »Diazoamidobenzol« von Griefs. Dieser fand jedoch in Gemeinschaft mit Martius[2]), dafs das Präparat eine dem Diazoaminobenzol isomere Base enthält, welche sie Amidodiphenylimid nannten. Beide Forscher fanden dann, dafs die Bildung von Diazoaminobenzol, oder Amidodiphenylimid aus Anilin und salpetriger Säure nur von der Temperatur abhängig ist; bei höherer bildet sich letzteres und sie zeigten sodann, dafs der von J. J. Müller & Co. in Basel und von H. Schiff aus Anilinnitrat und zinnsaurem Natron erhaltene Farbstoff identisch mit Amidodiphenylimid ist. Die Eigenschaften dieser Verbindung veranlafsten beide Forscher später dazu, sie als »Amidoazobenzol« zu bezeichnen.

Wenn es auch Kekulé vorbehalten war, den Zusammenhang zwischen Diazoaminobenzol und Aminoazobenzol klarzulegen, so sind doch die Verdienste von Griefs und Martius um den Ausbau der Chemie der Diazoverbindungen und Azofarbstoffe aufserordentliche. Das Studium des Aminoazobenzols regte Griefs zuerst dazu an, Diazosäuresalze mit anderen

---

[1]) Compt. rend. t. 52, 311. Journ. f. pr. Chem. 82, 462 [1861].

[2]) Monatsber. d. k. preufs. Akad. d. W Berlin, Dez. 1865. Journ. f. pr. Chem. 97, 257 [1866].

primären, sodann sekundären und ganz besonders mit tertiären Aminen[1]) zu kombinieren und er fand so eine Reihe von neuen Aminoazoverbindungen. Bei der Einwirkung von Baryumcarbonat auf Diazobenzolnitrat erhielt er später u. a. eine gelbe kristallinische Substanz $C_{12}H_{10}N_2O$[2]), die er Phenoldiazobenzol nannte. Es gebührt Kekulé[3]) das Verdienst, erkannt zu haben, dafs diese Verbindung Oxyazobenzol ist. Das Nebenprodukt jener Reaktion, das Phenolbisdiazobenzol, auf dessen Färbekraft Griefs schon im Jahre 1864 aufmerksam machte[4]), ist der erste Tetrazofarbstoff. Der Entdecker stellte ihn später[5]) durch Kombination seines Phenoldiazobenzols (Oxyazobenzols) mit Diazobenzolnitrat in alkalischer Lösung dar, während nachher Caro und Schraube[6]) ihn durch Reaktion der Diazoverbindung des Aminoazobenzols mit Phenol erhielten.[7]) Nachdem Griefs sodann aus m-Phenylendiamin braune Azofarben[8]) hergestellt hatte, erhielt er später eine grofse Anzahl zum Teil technisch höchst wertvoller Oxyazofarben aus Diazosulfosäuren, so aus der p-Diazobenzolsulfosäure

[1]) Ber. 9, 1653 [1876].
[2]) Ann. 137, 84 [1866].
[3]) Kekulé u. Hidegh, Ber. 3, 234 [1870].
[4]) Phil. Trans. 3, 688 [1864]. Ann. 137, 84 [1866].
[5]) Ber. 9, 627 [1876].
[6]) Ber. 10, 2230 [1871]; Ber. 9, 1653 [1876].
[7]) Dieser Farbstoff hat die Formel:

$$C_6H_5N_2 \cdot C_6H_4N_2 \cdot C_6H_4 \cdot OH.$$

[8]) Ber. 11, 624 [1878].

von Schmitt[1]), aus diazotierter Benzidinsulfosäure etc. mit Phenolen. Es ist somit das gemeinsame Verdienst der drei genannten Forscher erkannt zu haben, dafs Diazoverbindungen sich mit tertiären Aminen einerseits und mit Phenolen anderseits zu Amino- bezw. Oxyazoverbindungen, den zwei Hauptklassen von Azofarbstoffen zu kombinieren vermögen.

Griefs lieferte auch ferner wichtige Beiträge zur Theorie der Azofarbstoffe, indem er u. a. feststellte, dafs bei der Spaltung der Aminoazofarbstoffe durch Reduktion ein Molekül Monamin und ein Molekül Paradiamin entsteht.[2]) Da der analoge Vorgang auch bei Oxyazofarbstoffen beobachtet wurde, so folgt hieraus der wichtige Satz:

Die Kombination von Diazobenzol mit Aminen bezw. Phenolen vollzieht sich im allgemeinen in der Weise, dafs der in **Para**stellung zur Amino- bezw. Hydroxylgruppe stehende Wasserstoff mit der Diazoverbindung in Reaktion tritt.

Diese Beispiele zeigen hinreichend, welch hohe Bedeutung die Untersuchungen von Griefs über die Diazoverbindungen zukommt.

---

[1]) Ber. **2**, 51 [1869].

[2]) Ber. **10**, 525 [1877]; **15**, 2190 [1882]; **17**, 338 [1884]; vergl. auch R. Meyer, Ber. **16**, 1331 [1883].

Theorie und Nomenklatur der Diazoverbindungen nach Griefs (1866).

Nach der ursprünglichen Ansicht von Griefs sind in den Diazoverbindungen zwei Atome Wasserstoff desselben Benzolkernes durch je ein einzelnes Stickstoffatom ersetzt; der Stickstoff erscheint hiernach als einwertig. In den Diazosäuresalzen soll sich die Säure als solche in labiler Bindung mit dem Reste ($C_6H_4N_2$) befinden, welcher Diazobenzol genannt wird. Diese Auffassung drückt sich in der Schreibweise der Formeln und in der Namengebung auf folgende Weise aus:

$C_6H_4N_2$, NHO_3 Salpetersäure = Diazobenzol.

Der Auffassung von Erlenmeyer und Butlerow[1]) folgend nahm jedoch Griefs später in den Diazokörpern eine Verbindung der zwei Stickstoffatome untereinander an, derart, dafs die Gruppe (N_2) als zweiatomiges Doppelatom fungiert, das einzelne Atom desselben also dreiwertig und die ganze Gruppe zweiwertig ist: $(\overset{'''}{N}\overset{'''}{N})''$. Leitet man das Diazobenzol vom Anilin ab, so wären in diesem 3 Atome Wasserstoff, nämlich die beiden der Aminogruppe und eines aus dem Benzolkern durch ein Stickstoffatom ersetzt.

[1]) Zeitschr. f. Chem. 1861, 176, 1863, 511, 678. Handwörterbuch d. Chem. VIII, 698 [1863].

Das »Diazobenzol« erhält also nach Griefs die Formel:

$$C_6H_4\left\langle\begin{matrix}N\\ \| \\ N\end{matrix}\right.$$ [1]).

Die ursprüngliche Auffassung, dafs in den Diazoverbindungen zwei Wasserstoffatome des Benzolkernes durch Stickstoff ersetzt seien, ist hier also beibehalten.

Interessant erscheint es, dafs Griefs schon i. J. 1874 für das salpetersaure Diazobenzol die Formel:

$$\begin{matrix}C_6H_4 = N & \\ \quad\quad\ \ ||| & \\ \quad\quad\ \ N, & HNO_3\end{matrix}$$

in Erwägung zog. In derselben steht nur ein Stickstoffatom in direkter Bindung mit dem Benzolkerne und das erste Stickstoffatom ist fünfwertig angenommen. (Vergl. dagegen die Formel von Blomstrand S. 43.)

Nachdem Griefs um dieselbe Zeit gefunden hatte, dafs die Diazoaminoverbindungen aus Anilin und Bromdiazobenzolnitrat einerseits und aus Bromanilin und Diazobenzolnitrat anderseits identisch sind, stellte er für das Diazoaminobenzol selbst, da ihm die inzwischen dafür aufgestellte Formel von Kekulé (S. 26) diese Identität nicht zu erklären schien, die symmetrische Formel:

$$\begin{matrix}C_6H_4 = NH\\ \quad\quad\ \ |\\ \quad\quad\ \ NH\\ \quad\quad\ \ |\\ C_6H_4 = NH\end{matrix}$$

[1]) Ber. 7, 1618 [1874].

auf.[1]) Die Namen und Formeln einiger von Griefs dargestellter Diazoverbindungen sind nach dessen Theorie folgende:

Salpetersäure-Diazobenzol . .	$C_6H_4N_2$, NHO_3
Schwefelsäure-Diazobenzol . .	$C_6H_4N_2$, SH_2O_4
Bromwasserstoff-Diazobenzol .	$C_6H_4N_2$, HBr
Bibromwasserstoff-Diazobenzol . (Diazobenzolperbromid)	$C_6H_4N_2$, HBr, Br_2
Chlorwasserstoff-Diazobenzol-Platinchlorid	$C_6H_4N_2$, HCl, $PtCl_2$
Salzsäure-Diazobenzol-Goldchlorid	$C_6H_4N_2$, HCl, $AnCl_3$
Diazobenzol-Kaliumhydrat . . (Diazobenzolkalium)	$C_6H_4N_2$, KHO
Diazobenzol	$C_6H_4N_2$
Diazoamidobenzol	$\left\{\begin{matrix} C_6H_4N_2 \\ C_6H_7N \end{matrix}\right\}$
Diazoamidotoluol	$\left\{\begin{matrix} C_6H_4N_2 \\ C_7H_7NH_2 \end{matrix}\right\}$
Diazobenzol-Amidobenzoesäure .	$\left\{\begin{matrix} C_6H_5N_2 \\ C_7H_5NH_2O \end{matrix}\right\}$
Diazobenzolimid	$\left\{\begin{matrix} (C_6H_4N_2)'' \\ H \end{matrix}\right\} N.$

Die Bildung von Phenol beim Kochen von Diazobenzolsulfat mit Wasser wird durch die Gleichung:

$$\underbrace{C_6H_4N_2,\ SH_2O_4 + H_2O}_{\text{Schwefelsäure-Diazobenzol}} = \underbrace{C_6H_6O}_{\text{Phenylsäure}} + SH_2O_4 + N_2$$

[1]) Ber. **7,** 1518 [1274]; vergl. dagegen Baeyer u. Jäger, Ber. **8,** 148 [1875]. Über d. Formel d. Diazoaminobenzols v. R. Walther s. S. 32.

erklärt, jene von Benzol beim Erwärmen des Nitrates mit Alkohol soll nach dem Schema:

$$\underbrace{C_6H_4N_2,\ NHO_3}_{\text{Salpetersäure-Diazobenzol}} + \underbrace{C_2H_6O}_{\text{Alkohol}} = \underbrace{C_6H_6}_{\text{Benzol}} + \underbrace{C_2H_4O}_{\text{Aldehyd}} + N_2 + NHO_3$$

erfolgen.

Die Zersetzungen des Platindoppelsalzes und des Perbromides des Diazobenzols werden mit folgenden Formeln erläutert:

$$\underbrace{C_6H_4N_2,\ HCl,\ PtCl_2}_{\text{Platinsalz}} = \underbrace{C_6H_5Cl}_{\text{Chlorbenzol}} + Pt + Cl_2 + N_2$$

$$C_6H_4N_2,\ HBr_3 = C_6H_5Br + N_2 + Br_2.$$

Kekulés Theorie der Diazoverbindungen (1866).[1])

Kekulé sprach sich zum ersten Male über die Art der Bindung der Stickstoffatome in den Diazoverbindungen in folgender Weise aus: Die Diazoverbindungen enthalten eine aus 2 Atomen Stickstoff bestehende Gruppe. Die 2 Stickstoffatome sind unter sich durch je zwei Verwandtschaftseinheiten verbunden; die Gruppe als solche ist also zweiwertig:

$$-N=N-.$$

Der zweite seiner Sätze wandte sich gegen die Anschauung von Griefs, wonach die Stickstoffgruppe

[1]) Kekulé, Lehrbuch der organ. Chemie II. 717 [1866].

der Diazoverbindungen mit zwei Valenzen an den Benzolkern gebunden sein soll, und lautet: Die zweiwertige Stickstoffgruppe N_2 der Diazoverbindungen steht mit dem Kohlenstoffskelett des Benzols nur an **einer** Stelle in Verbindung; sie ersetzt also nicht zwei Atome Wasserstoff im Benzol. Sodann diskutiert Kekulé die Auffassung von Griefs über die Formel des freien Diazobenzols in folgender Weise: Wenn das freie Diazobenzol wirklich ($C_6H_4N_2$) wäre, so müfsten in demselben zwei freie Valenzen, die eine an der Diazogruppe, die andere am Benzolkern vorhanden sein, etwa so:

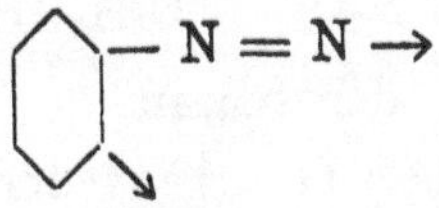

oder man müfste annehmen, es ersetze diese Gruppe wirklich 2 Atome Wasserstoff des Benzolkernes:

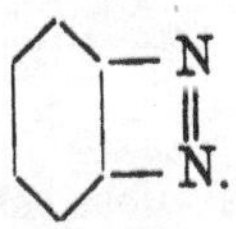

Das Verhalten der Diazoverbindungen mache jedoch auch letzteres nicht wahrscheinlich und man müsse daher annehmen, dafs das freie Diazobenzol ein seiner Kalium- oder Silberverbindung entsprechendes Hydrat:

$$C_6H_5 - N = N - OH$$

sei. Endlich berichtigte Kekulé die Griefssche

Ansicht über die Bindung der Säure mit dem Diazoreste in den Diazosäuresalzen, indem er darauf hinwies, dafs in diesen zwar tatsächlich drei Atome Wasserstoff gegen Stickstoff ersetzt sind; von diesen rührten allerdings zwei von der Aminogruppe her, das dritte dagegen komme von der Säure und nicht vom Benzolkerne. Bei Diazoaminoverbindungen komme dieses aus der Aminogruppe des zweiten Moleküls Amin.

Hiernach habe man also:

$$+\begin{matrix} C_6H_5NH_2{}^{*\,1)} \\ NO_3H^* \end{matrix}\Bigg\}\begin{matrix}\text{gibt} \\ \text{mit } N_2O_3\end{matrix} \rightarrow \begin{matrix} C_6H_5N \\ NO_3 \end{matrix}\Bigg\} N = \begin{matrix}\text{salpetersaures} \\ \text{Diazobenzol}\end{matrix}$$

und

$$+\begin{matrix} C_6H_5NH_2{}^{*} \\ C_6H_5NHH^* \end{matrix}\Bigg\}\begin{matrix}\text{gibt} \\ \text{mit } N_2O_3\end{matrix} \rightarrow \begin{matrix} C_6H_5N \\ C_6H_5NH \end{matrix}\Bigg\} N = \begin{matrix}\text{Diazoamino-} \\ \text{benzol.}\end{matrix}$$

Es ist also in den Salzen des Diazobenzols mit Mineralsäuren der saure Rest und nicht die Säure selbst mit der einwertigen Gruppe ($C_6H_5N_2$) verbunden. Da aber letztere, so schliefst Kekulé weiter, noch eine freie Valenz am Stickstoff enthält,

$$C_6H_5 - N = N \rightarrow$$

so sei es natürlich, dafs diese sich mit dem Säurereste absättige. Auf diese Weise erkläre sich die Existenz des Bromides, Nitrates, Sulfates des Diazobenzols und auch die seiner Alkalisalze.

Von den Sätzen Kekulés bedurfte vor allem jener des Beweises, dafs die Diazogruppe (N_2) nur

---

[1]) Die mit *) bezeichneten Wasserstoffatome werden durch Stickstoff ersetzt.

ein Atom Wasserstoff im Benzolkerne ersetze, also einwertig und nicht zweiwertig sei. Kekulé äufsert sich hierüber auf folgende Weise: Alle Verwandlungen der Diazoverbindungen sprechen zu Gunsten der Ansicht, dafs in diesen Körpern noch fünf vom Benzol herrührende Wasserstoffatome vorhanden sind; denn bei allen diesen Zersetzungen entstehen Produkte, die mindestens fünf mit dem Benzolkerne direkt verbundene Wasserstoffatome besitzen. Dies zeigen z. B. die Entstehung von Phenol und Jodbenzol, sowie der Zerfall der Platindoppelsalze und Perbromide des Diazobenzols in Monohalogenderivate des Benzols. Nähme man an, dafs in den Diazoverbindungen nur vier Wasserstoffatome von Benzol herrührten, so müfste das Auftreten von Bichlor-Bibrom-Bijodbenzol, Diaminobenzol bei diesen Zersetzungen zu erwarten sein, was der Erfahrung widerspricht.

Die Richtigkeit der Auffassung von Kekulé, dafs die Diazoverbindungen des Benzols noch fünf unersetzte Wasserstoffatome im Kern enthalten, konnte ferner indirekt dadurch bewiesen werden, dafs eine Anzahl von durch Kekulés Schüler untersuchten pentasubstituierten Anilinen noch die Diazoreaktion gaben. Um nur ein Beispiel zu erwähnen, konnten u. a. Langfurth und Spiegelberg[1]) zwei isomere

[1]) Ann. **191**, 205 [1878] und Ann. **197**, 305 [1879]; vergl. auch Hayduck, Ann. **174**, 355 [1874]; F. Mayer, Langer, Ann. **215**, 103 [1880]; Neville u. Winter.

Tetrabromaminobenzolsulfosäuren $C_6Br_4NH_2 \cdot SO_3H$ noch diazotieren. Diese Tatsachen bilden eine glänzende Bestätigung der Richtigkeit der betreffenden Anschauungen von Kekulé.[1])

Nachstehende Tabelle illustriert die Kekulésche Theorie in Bezug auf Formelgebung und Nomenklatur:

Freies Diazobenzol . .	$C_6H_5 - N = N - OH$
Diazobenzolnitrat . . .	$C_6H_5 - N = N - NO_3$
Diazobenzolsulfat . . .	$C_6H_5 - N = N - SO_4H$
Diazobenzolplatinchlorid	$(C_6H_5 - N = N - Cl)_2PtCl_4$
Diazobenzolkali . . .	$C_6H_5 - N = N - OK$
Diazobenzolsilberoxyd .	$C_6H_5 - N = N - OAg$
Diazoamidobenzol . .	$C_6H_5 - N = N - NHC_6H_5$
Diazobenzolperbromid .	$C_6H_5 - N = N - Br, Br_2$
	oder $C_6H_5 - \underset{\displaystyle Br}{\underset{\mid}{N}} - \underset{\displaystyle Br.}{\underset{\mid}{N}} - Br$

Während Griefs die Salze des Diazobenzols mit Mineralsäuren als additionelle Verbindungen betrachtet, spielt nach Kekulé das »Diazobenzol in denselben die Rolle einer dem Ammoniak[2]) analogen Base.« (Lehrbuch II., S. 707.) Trotz dieser Auffassung erwähnt Kekulé a. a. O., dafs die Salze des Diazobenzols

---

[1]) In den aliphatischen Diazoverbindungen wie Diazoessigester, Diazomethan dagegen ist tatsächlich die Diazogruppe mit zwei Valenzen an Kohlenstoff gebunden:

$\overset{N}{\underset{N}{\|}}\!\!>CH \cdot CO_2R$, Diazoessigester; $\overset{N}{\underset{N}{\|}}\!\!>CH_2$, Diazomethan.

[2]) Recte Ammonium.

mit Halogenwasserstoffsäuren als substituierte Halogenstickstoffverbindungen aufzufassen seien, wie dies seine Formeln auch darstellen und dafs sich hieraus ihre Explosionsfähigkeit erkläre. Die Tatsache, dafs diese Annahme nicht auch zur Erklärung des endothermischen Charakters des Diazobenzolnitrates und des Sulfates ausreicht, bildet eine der Schwächen der Kekuléschen Formeln. Aufserdem deuten die Existenz von Platin- und Golddoppelsalzen der Salze des Diazobenzols mit Halogenwasserstoffsäuren, sowie die Eigenschaften der Diazobromide nicht darauf hin, dafs diese Salze Derivate von Halogenstickstoffverbindungen sind. (Vergl. S. 38 ff.)

Die wichtigsten Zersetzungen der Diazoverbindungen erklärt Kekulé auf folgende Weise:

1. »Wenn ein Salz des Diazobenzols sich bei Anwesenheit eines Körpers zersetzt, der Wasserstoff zu liefern im stande ist, wie z. B. Alkohol, aus dem leicht unter Austritt von H_2 Aldehyd entsteht, so nimmt der Säurerest des Diazosalzes z. B. der Rest SO_4H der Schwefelsäure das eine Wasserstoffatom, das andere ersetzt den sich als Gas entwickelnden Stickstoff, und es bildet sich so Benzol.«

Man hat

vor der Zersetzung	nach der Zersetzung
$\underline{C_6H_5 \cdot N_2 \cdot HSO_4}$	C_6H_5 | N_2 | HSO_4
H H	H | | H

2. »Findet die Zersetzung des Diazosalzes bei Anwesenheit von Wasser statt, so nimmt der Rest der Schwefelsäure ebenfalls ein Wasserstoffatom, um so Schwefelsäurehydrat zu erzeugen; der Hydroxylrest des Wassers vertritt jetzt den sich entwickelnden Stickstoff, und es wird Phenol gebildet.«

Man hat

vor der Zersetzung	nach der Zersetzung
$\frac{C_6H_5 \cdot N_2 \cdot HSO_4}{OH \qquad\qquad H}$	$\begin{array}{c\|c\|c} C_6H_5 & N_2 & HSO_4 \\ OH & & H \end{array}$

3. »Ganz ähnlich ist auch die Einwirkung der Jodwasserstoffsäure: Auch hier verbindet sich der Wasserstoff der einwirkenden Substanz mit dem Rest der Schwefelsäure. Das Jod tritt an die Stelle des Stickstoffes; es entsteht also Jodbenzol.«

Man hat

vor der Zersetzung	nach der Zersetzung
$\frac{C_6H_5 \cdot N_2 \cdot HSO_4}{J \qquad\qquad H}$	$\begin{array}{c\|c\|c} C_6H_5 & N_2 & HSO_4 \\ J & & H \end{array}$

Dafs die Auffassung, welche Griefs von der eben genannten Reaktion und der Konstitution des Diazobenzols hatte und durch die Gleichung

$$C_6H_4N_2 + HJ = C_6H_5J + N_2$$

ausdrückte, nicht richtig sein kann, geht nach Kekulé indirekt daraus hervor, dafs bei der Einwirkung von Jodmethyl an Stelle von Jodwasserstoff auf

Diazobenzolsulfat Jodbenzol und Methylschwefelsäure entsteht:

$$\frac{C_6H_5 \cdot N_2 \cdot HSO_4}{J \qquad\quad CH_3} \text{ gibt } \begin{array}{c|c|c} C_6H_5 & N_2 & HSO_4 \\ J & & CH_3. \end{array}$$

Wären im Diazobenzolsalze tatsächlich zwei Wasserstoffatome des Kernes durch Stickstoff ersetzt, so hätten sich Jodtoluol und Schwefelsäure bilden müssen.

Daſs Chlorwasserstoff und Bromwasserstoff nicht ebenso wie die Jodwasserstoffsäure die Diazosäuresalze unter Bildung der entsprechenden Halogenbenzole zerlegen, erklärt Kekulé aus der gröſseren Beständigkeit ersterer Säuren. Die Bildung von Nitrophenolen bezw. Phenolsulfosäuren bei der Zersetzung wässeriger Lösungen des Nitrates und Sulfates des Diazobenzols vollzieht sich nach Kekulé in der Art, daſs in beiden Fällen zuerst Phenol gebildet wird, welches sodann von den bei der Zersetzung des Diazosalzes sich bildenden Säuren nitriert bezw. sulfuriert wird.

Das Diazoaminobenzol bildet sich nach Kekulé in der Weise, daſs der Säurerest des zunächst gebildeten Diazosäuresalzes ein Wasserstoffatom des Anilins aufnimmt, wodurch Säurehydrat entsteht; der Rest des Anilins vereinige sich dann mit dem Reste des Diazobenzols:

$$+ \begin{array}{l} C_6H_5 \cdot N_2 \cdot NO_3 \\ C_6H_5 \cdot NH \;\; H \end{array} \text{ gibt } \begin{array}{c|c} C_0H_5 \cdot N_2 & NO_3 \\ C_6H_5NH & H \end{array}$$

Das Diazoaminobenzol sei also nicht eigentlich eine salzartige Verbindung, sondern entspreche eher den Säureaniliden, daher auch der Name Diazoanilid, und es könne aus dem freien Diazobenzol in derselben Weise entstanden gedacht werden wie Säureanilide sich bilden:

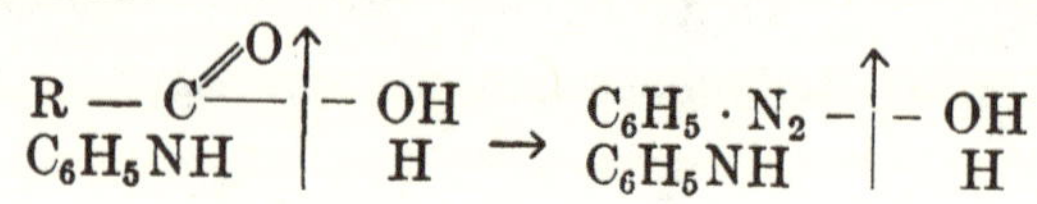

Diese Auffassung des Diazoaminobenzols als Säureanilid wird durch die Tatsache gestützt, daſs es, wie schon Grieſs fand, mit Alkali- und Schwermetallen Salze liefert, ähnlich manchen Hydrazonen. Nach Bamberger bilden besonders nitrierte Diazoaminobenzole Natriumverbindungen ähnlich dem Acetanilid.[1]) Im Diazoaminobenzol vertritt also der Diazobenzolrest die Rolle einer Säure, doch fehlt demselben die Basizität nicht vollständig, da er mit starken Mineralsäuren Salze liefert. Es erscheint schon hier am Platze, darauf hinzuweisen, daſs das sogenannte freie Diazobenzol eine Doppelnatur besitzt. Mineralsäuren gegenüber verhält es sich ähnlich den Metalloxyden,

[1]) R. Walther stellte zur Erklärung obiger Erscheinungen und des Fehlens von Isomerie bei substituierten Diazoaminoverbindungen die symmetrische Formel $C_6H_5N = \underset{\displaystyle H}{\underset{|}{N}} = N \cdot C_6H_5$ auf, wonach im Diazoaminobenzol das mittlere Stickstoffatom fünfwertig wär. Journ. f. pr. Chem., **51**, 528, 581 [1895]. Vergl. S. 41 u. 45; sowie Hantzsch, Über Tautomerie der Diazoaminoverbindungen Ber. **30**, 1394 [1897].

Basen gegenüber wie eine Säure; es ist also eine amphotere Substanz. Nach Bamberger wäre es ungefähr dem Aluminium, Zink oder Blei vergleichbar, Elemente, welche sowohl mit Säuren als mit Basen Salze bilden. (Vergl. dagegen das Kapitel: Diazonium.)

Das Diazobenzolperbromid kann nach Kekulé entweder als ein wahres Perbromid, d. h. als eine additionelle Verbindung von Diazobenzolbromid mit einem Molekül Brom angesehen werden, oder man könne auch annehmen, die beiden Stickstoffatome seien nur durch je eine Verwandtschaftseinheit miteinander verbunden und jedes derselben stehe aufserdem mit einem Atom Brom in Verbindung; man habe daher die Wahl zwischen den Formeln:

$$C_6H_5 - N = N \cdot Br, Br_2 \quad \text{und} \quad C_6H_5 - \underset{\displaystyle Br}{\underset{|}{N}} - \underset{\displaystyle Br}{\underset{|}{N}} - Br$$ [1])

Das Verhalten des Diazobenzolperbromids und namentlich der Umstand, dafs es nicht nur bei Einwirkung von schwefliger Säure, sondern schon bei fortgesetztem Waschen mit Äther unter Verlust von Brom in Diazobenzolbromid übergeht, sprächen jedoch zu Gunsten der ersteren Ansicht, eine Anschauung, die übrigens auch Griefs vertrat. (Vergl. über diesen Gegenstand Hantzsch: Über die Konstitution der Diazoperhaloïde Ber. **30**, 2520 [1897].

[1]) Diese »Hydrazinformel« des Diazobenzolperbromids hielt sich in der Folge bis Hantzsch die Konstitution desselben festlegte.

Im Diazobenzolimid kann man nach Kekulé mit ziemlicher Sicherheit annehmen, daſs die Diazostickstoffatome einfach untereinander gebunden sind. Dies erkläre auch seine relative Beständigkeit und die Tatsache, daſs es durch Wasserstoffaufnahme in Ammoniak und Anilin zerfällt. Er stellte daher folgende Formel auf:

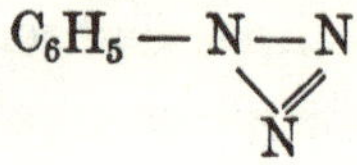

erwähnt jedoch gleichzeitig, daſs sie die von Grieſs beobachtete Existenz von Alkylderivaten des Diazobenzolimids nicht erkläre. Weiter erwähnt Kekulé, daſs zwar das freie Diazobenzol ($C_6H_5N=NOH$) selbst kaum beständig sei[1]), daſs aber andere einfache Diazoverbindungen im freien Zustande vorkommen, so namentlich die Diazophenole, und nimmt an, daſs in denselben die Diazogruppe mit der einen ihrer Affinitäten an den Benzolkern gebunden ist, mittels der anderen mit dem Sauerstoff des Phenols in Verbindung steht. Man könne diese Auffassung durch die Formel

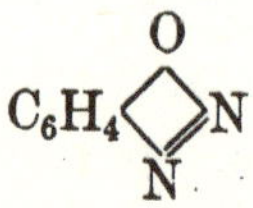

wiedergeben. Sie finde eine sichere Stütze darin, daſs die Diazoderivate der Äther des Phenols, z. B. des Anisols, sich nicht jenen des Phenols, sondern

[1]) Die Diazoverbindungen der Fettreihe, wie Diazomethan etc., können dagegen im freien Zustande existieren, weil die beiden Valenzen der N_2-Gruppe an Kohlenstoff gebunden sind.

denen des Benzols ähnlich verhalten. So entstehen leicht Mineralsalze des Diazonitroanisols, während das freie Diazophenol mit Säuren nicht reagiert; anderseits existiere das freie Diazoanisol nicht.

Ähnlich den Diazophenolen, existieren die Diazosulfosäuren, welche die Sulfogruppe am Benzolkern tragen, in freiem Zustande und es bestehen allgemein freie Diazoverbindungen nach Kekulé dann, wenn die Muttersubstanz die Hydroxyl- oder Sulfogruppe, nicht aber wenn sie die Karboxylgruppe enthält.

Bezüglich der Diazoverbindungen der Diamine erwähnt Kekulé, daſs diese in drei Klassen auftreten können, je nachdem von den beiden Aminogruppen nur eine zur Bildung einer Diazogruppe verwendet wird, oder beide diazotiert werden[1]), oder aber nur eine diazotiert wird und die andere in irgend einer Weise an der Reaktion teil nimmt. Die auf letztere Art entstehenden Verbindungen besäſsen Ähnlichkeit im Baue mit dem Diazoaminobenzol.

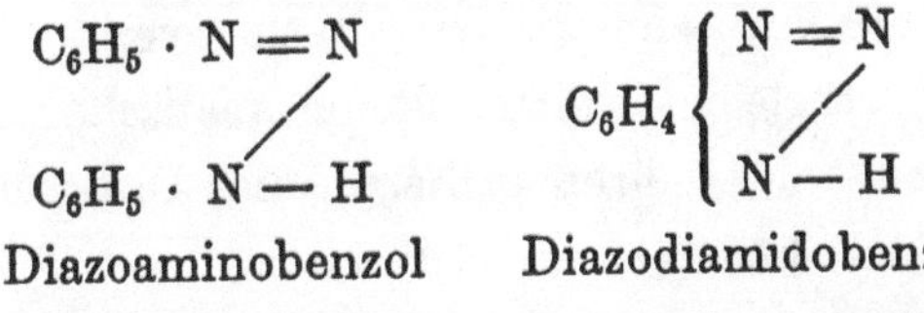

Diazoaminobenzol Diazodiamidobenzol.

Kekulé hat somit die voneinander verschiedenen Reaktionen der drei Arten von aromatischen Diaminen gegenüber salpetriger Säure in den Grundlagen

[1]) Vergl. Holleman, Zeitschr. für Chem. 1865, 557 A. W. Hofmann, Ann. 115, 251 [1860].

vorausgesehen. Bei den m-Diaminen reagiert nach Griefs[1]) nur eine Aminogruppe mit salpetriger Säure unter Bildung von braunen Aminoazofarbstoffen (Bismarckbraun, Phenylenbraun, Vesuvin). Die p-Diamine bilden in regelmäfsiger Weise Bisdiazoverbindungen, während die Oxthodiamine nach Ladenburg[2]) Azimidobenzole oder Benzopyrrodiazole liefern, indem tatsächlich zwar, wie bei den m-Diaminen, auch nur eine Aminogruppe diazotiert wird, die zweite aber am weiteren Verlaufe der Reaktion teil nimmt.

Bezüglich des konstitutionellen Unterschiedes zwischen aromatischen Diazo- und Azoverbindungen erwähnt Kekulé, dafs zwar beiden die Gruppe

$$C_6H_5 - N = N -$$

angehöre. Dieselbe sei aber in den Azoverbindungen an den Benzolrest gebunden, in den aromatischen Diazoverbindungen dagegen an ein Haloïd oder Säureradikal. Wahre Azoverbindungen[3]) sind also nach Kekulé solche, in welchen die Gruppe $- N = N -$ beiderseits mit einem Benzolreste verbunden ist. Kekulé vergleicht sodann die aromatischen Azoverbindungen mit wahren Äthern, die Diazosäuresalze dagegen mit Säureestern, z. B.:

Azobenzol	salpetersaures Diazobenzol
$C_6H_5 - N = N - C_6H_5$	$C_2H_5 - N = N - NO_3$

[1]) Ber. 11, 624, 737 [1878].

[2]) Ber. 9, 222 [1876]; 17, 147 [1884].

[3]) Vergleiche die spätere Erweiterung des Begriffs »Azoverbindung« S. 46.

Äthyläther	Salpetersäureäthylester
$C_2H_5 - O - C_2H_5$	$C_2H_5 - O - NO_3$.

Die Beständigkeit des Azobenzols beruhe darauf, daſs die Stickstoffgruppe desselben nach beiden Seiten hin mit dem Phenylreste verbunden ist; die Unbeständigkeit der Diazosalze rühre davon her, daſs diese Gruppe nach der einen Seite hin mit Chlor oder einem ähnlichen Elemente oder Reste in Verbindung steht, und diese Verbindungen sonach dem Chlorstickstoff vergleichbar werden. (Vergl. S. 29.)

Indem Kekulé zum ersten Male Diazoaminobenzol in Aminoazobenzol verwandeln lehrte, stellte er den Zusammenhang zwischen den genannten beiden Körperklassen her. Wie schon erwähnt, entdeckte Kekulé auch den ersten Oxyazofarbstoff. In der Erwartung, durch Einwirkung von Phenol auf Diazobenzol ein dem Diazoaminobenzol analoges Diazooxybenzol und aus diesem durch molekulare Umlagerung ein Oxyazobenzol zu erhalten, lieſsen Kekulé und Hidegh (l. c.) im Jahre 1870 eine Lösung von Phenolkalium auf salpetersaures Diazobenzol einwirken und erhielten eine braune kristallinische Verbindung, welche identisch ist mit dem Phenoldiazobenzol, welches Grieſs durch Einwirkung von Baryumkarbonat auf salpetersaures Diazobenzol erhalten hatte. Kekulé faſste diese Verbindung wegen ihrer Beständigkeit nicht als Diazoverbindung, sondern als Oxyazobenzol auf, eine Annahme, deren Richtigkeit sich bestätigte.

Die von Kekulé aufgestellte Theorie der Diazoverbindungen besitzt unleugbare Vorteile vor derjenigen von Griefs; sie verdrängte diese vollständig und auch die folgenden unmittelbar nach ihr aufgestellten Theorien für lange Zeit. Erst in neuester Zeit mufste sie den inzwischen fortgeschrittenen Ansichten über die Natur der Salze teilweise weichen.

Formeln der Diazosäuresalze von Blomstrand (1869), Strecker (1871) und Erlenmeyer sen. (1874).

Im Jahre 1871 stellte Strecker[1]) gelegentlich einer Mitteilung über die von ihm zuerst beobachtete Einwirkung von saurem schwefligsaurem Kali auf salpetersaures Diazobenzol folgende Betrachtungen über die Konstitution der Azo- bezw. Diazoverbindungen an:

»Es scheint mir sehr unwahrscheinlich, dafs beide so ganz verschiedenes Verhalten zeigende Verbindungen eine analoge Konstitution besitzen. Insofern für die Azokörper nach ihrem Verhalten die Bindung — N = N — wahrscheinlich ist, möchte für die Diazokörper die Bindung

$$\begin{array}{c} -\mathrm{N}- \\ ||| \\ \mathrm{N} \end{array}$$

[1]) Ber. 4, 786 [1871].

denkbar erscheinen. Das **eine** Stickstoffatom wäre darin fünfwertig, das andere dreiwertig. Für das salpetersaure Diazobenzol kann man daher schreiben:

$$\begin{array}{c} C_6H_5 - \overset{}{N} - O - NO_2 \\ \vert\vert\vert \\ N \end{array}$$

Es entsteht aus salpetersaurem Anilin $C_6H_5NH_3 \cdot O \cdot NO_2$ und salpetriger Säure, indem die drei Wasserstoffatome des Phenylammoniums durch Stickstoff ersetzt werden«.[1])

Inzwischen hatte Erlenmeyer[2]), ohne von der Publikation Streckers Kenntnis zu haben, zur Frage der Zusammensetzung der Diazoverbindungen Stellung genommen und legte seine Ansichten in einer im Jahre 1874 erschienenen Abhandlung, betitelt »Über die relative Konstitution der Diazoverbindungen«, in folgender Weise nieder:

»Die Diazoverbindungen scheinen mir als Ammoniumverbindungen von der allgemeinen Formel

$$\begin{array}{c} R - N - R_1 \\ \vert\vert\vert \\ N \end{array}$$

[1]) Für die p-Diazobenzolsulfosäure aus Sulfanilsäure stellte Strecker schon damals die Formel $C_6H_4 - N \equiv N$ auf; vergl.

$$\begin{array}{c} C_6H_4 - N \equiv N \\ \diagdown\ \diagup \\ SO_3 \end{array}$$

Nietzki u. Benckiser, Formel der Sulfanilsäure, Ber. 17, 707 [1884].

[2]) Ber. 7, 1110 [1874].

z. B. das salpetersaure Diazobenzol steht nach meiner Ansicht zu dem salpetersauren Anilin in folgender einfacher Beziehung:

$$\begin{array}{l} C_6H_5 \\ | \\ N - O - NO_2 \\ ||| \\ H_3 \end{array} \quad \rightarrow \quad \begin{array}{l} C_6H_5 \\ | \\ N - O - NO_2 \\ ||| \\ N \end{array}$$

salpetersaures Anilin salpetersaures Diazobenzol

d. h. bei der Reaktion der salpetrigen Säure auf das salpetersaure Anilin werden drei Wasserstoffatome des Phenylammoniums durch ein Stickstoffatom substituiert; das Salpetersäureradikal und das Phenyl bleiben mit dem Stickstoffatom des Anilins verbunden.«

»Freies Diazobenzol ist entweder ein Ammoniumoxydhydrat

$$\begin{array}{c} C_6H_5 \cdot N \cdot OH \\ ||| \\ N \end{array}$$

oder dessen Anhydrid $\begin{array}{c} C_6H_5 - N - O - N - C_6H_5 \\ \quad\;\; ||| \quad\quad\; ||| \\ \quad\;\; N \quad\quad\;\; N \end{array}$ [1]).

Das Kaliumsalz und die anderen Metallverbindungen des Diazobenzols sind gemischte Basenanhydride, z. B.

$$\begin{array}{c} C_6H_5 - N - OK \\ ||| \\ N \end{array}$$ [2]).

---

[1]) Vergl. das Kapitel: Diazobenzoloxyd von Bamberger.

[2]) Diese Formel stimmt mit der späteren von Bamberger für das labile Kaliumdiazotat überein.

Die Diazoamidoverbindungen haben folgende Konstitution z. B.:

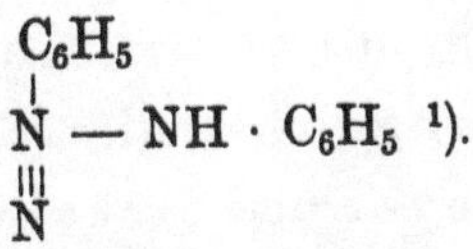

Sie entstehen bei der direkten Einwirkung der salpetrigen Säure auf die Amidoverbindungen, in unserem Falle auf Anilin, indem sich zunächst eine gewisse Menge salpetrigsaures Salz bildet, auf welches dann weitere salpetrige Säure diazotierend einwirkt. Die so erzeugte salpetrigsaure Diazoverbindung wird sodann durch einen anderen Teil der Amidoverbindung in derselben Weise wie das salpetersaure Diazobenzol durch Anilin in Diazoamidobenzol umgesetzt.«

Das Diazobenzolperbromid hat nach Erlenmeyer die Zusammensetzung:

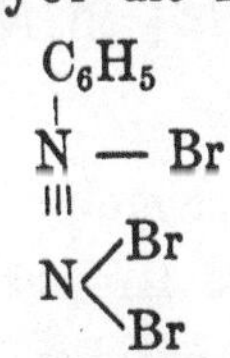

das Diazobenzolimid ist

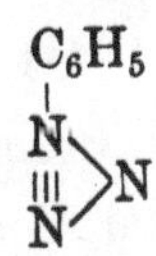

Es darf hier ganz besonders darauf hingewiesen werden, dafs Erlenmeyer sen. der erste deutsche Forscher ist, welcher sämtliche Diazoverbindungen auf den Ammoniumtypus zu beziehen versuchte.

[1]) Die Annahme fünfwertigen Stickstoffs in Diazoaminoverbindungen (vergl. S. 32) ist jetzt allgemein verlassen. Siehe Blomstrands Ansichten hierüber S. 42 bis 45.

Im Jahre 1875 veröffentlichte C. W. Blomstrand[1]) im 8. Jahrgange der Berliner Berichte eine Abhandlung: »Zur Frage über die Konstitution der Diazoverbindungen«, worin er mitteilte, daſs er die von Erlenmeyer und Strecker vorgeschlagene Formel für die Salze des Diazobenzols mit Mineralsäuren schon vor geraumer Zeit aufgestellt und drei Jahre vor letzterem Forscher in der Zeitschrift Chemie der Jetztzeit: Heidelberg 1869 Nr. 4 S. 272 publiziert habe. Es gebührt also Blomstrand die Priorität in der Aufstellung dieser Formel. Er führt etwa folgendes aus:

Bei der Einwirkung von salpetriger Säure auf Anilin, welches in Alkohol gelöst war, erhielt Grieſs infolge der durch diese Anordnung gemäſsigten Reaktion das Diazoaminobenzol:

$$\begin{array}{l} C_6H_5 \cdot \overset{\text{III}}{N}HH \\ C_6H_5 \cdot \overset{\text{III}}{N}HH \end{array} + O : \overset{\text{III}}{N} \cdot OH = \begin{array}{l} C_6H_5 \cdot \overset{\text{III}}{N}\,\overset{\text{III}}{N} \\ C_6H_5 \cdot \overset{\text{III}}{N}H \end{array} + 2(HOH)$$

als das Produkt eines ganz glatt vor sich gehenden doppelten Austausches. »Der entstandene Körper ist ein wahres Substitutionsprodukt des Anilins; bei Anwendung von Anilin, in Salpetersäure gelöst, entstand dagegen das salpetersaure Diazobenzol.«

Die Unterschiede beider Reaktionen sind nach Blomstrand folgende: Um den zur Bildung einer Diazoverbindung nötigen Stickstoff aus einem Amin

---

[1]) Ber. 8, 51 [1875].

und einem Molekül salpetriger Säure (HONO) zu erhalten, bedarf es dreier Wasserstoffatome, welche den Sauerstoff entziehen. Bei der Darstellung von Diazoaminobenzol sind zwei Moleküle Anilin nötig, um diese 3 Wasserstoffatome zu liefern. Geht man dagegen von einem Salze des Anilins aus, welche nach der Ammoniumtheorie von Berzelius Salze des substituierten Ammoniums ($C_6H_5NH_3$) sind, so enthält schon 1 Molekül eines solchen die nötigen drei Wasserstoffatome. Ferner habe man es in letzterem Falle von Beginn der Reaktion an mit fünfwertigem Ammoniumstickstoff zu tun, während im Diazoaminobenzol die beiden Stickstoffatome wegen Abwesenheit eines sauren Radikales nur im dreiwertigen Zustande vorhanden seien. Die Bildung von Diazobenzolnitrat könne also in folgender Weise dargestellt werden:

$$C_6H_5\overset{\mathrm{V}}{N}H_3 \cdot O \cdot NO_2 + HO \cdot \overset{\mathrm{III}}{N} \cdot O$$
$$= C_6H_5 \cdot \overset{\mathrm{V}}{N} \cdot \overset{\mathrm{III}}{N} \cdot O \cdot NO_2 + 2H_2O.$$

»Es sind bei diesem doppelten Austausche alle drei Wasserstoffatome des fünfwertigen Stickstoffes durch Stickstoff ersetzt; eine interessantere Art von Ammonium läſst sich kaum denken.«

Die Ansichten von Strecker, Erlenmeyer und Blomstrand über die Konstitution der Salze des Diazobenzols mit Mineralsäuren decken sich also vollständig.

Blomstrand fährt fort, indem er darauf hinweist, daſs seine Hypothese einfacher sei als die von

Kekulé. Er nehme nämlich aufser der Substitution der drei Wasserstoffatome im salpetersauren Anilin keine Veränderung in Bezug auf die Bindung des Stickstoffes an, während nach Kekulé bei der Bildung des Diazosalzes der fünfwertige Stickstoff des Anilinsalzes dreiwertig werde. Diese Formel erkläre sodann, da nach ihr beide Stickstoffatome dreiwertig seien, viel schwieriger als die Ammoniumformel die Eigenschaft des Diazobenzols direkt mit Säureresten salzartige Verbindungen zu liefern und könne nicht richtig sein, da sie vor und nach der Reaktion verschiedene Bindung des Stickstoffes annähme, obwohl Ausgangs- und Endprodukt wirkliche Salze sind. Es müsse nach Kekulé der Stickstoff des Anilinsalzes, welcher von vornherein fünfwertig ist, dreiwertig werden, indem das ursprünglich an ihn gebundene Säureradikal (NO_3) an den zweiten Stickstoff wandere, wozu keine Veranlassung gegeben sei. Es hätten also die Diazosalze in Kekuléscher Auffassung nicht den Charakter von wahren Salzen, sondern etwa den der Säureamide. Die Unbeständigkeit der Salze des Diazobenzols mit Mineralsäuren erkläre sich bei Annahme der Ammoniumformel einfach dadurch, dafs es sich hier um Ammoniumsalze handle, in denen die 3 Wasserstoffatome durch Stickstoff ersetzt sind, der kein passender Vertreter des Wasserstoffes sei. Dieser Versuch Blomstrands, die Labilität der Diazosalze durch jene der dreifachen Bindung zwischen zwei Stickstoffatomen zu erklären, ist zweckentsprechender als die von Kekulé gegebene Erklärung (vergl. S. 29), da sie für die Salze des Diazobenzols mit allen Mineralsäuren ausreicht und dieselben aufserdem gewissermafsen in Parallele mit dem Acetylen bringt.

Mit der Formel für Diazobenzolperbromid von Erlenmeyer, welche zwei fünfwertige Stickstoffatome aufweist,

$$\begin{array}{c} C_6H_5 \cdot \overset{v}{N} \equiv \overset{v}{N} \cdot Br \\ \quad\; | \quad\;\; | \quad\quad \\ \quad\; Br \;\; Br \quad\quad \end{array}$$

erklärte sich Blomstrand einverstanden, dagegen fand er, wie erwähnt, keinen Anlafs, mit Erlenmeyer auch im Diazoaminobenzol fünfwertigen Stickstoff anzunehmen. Es könne im Gegenteil der im Anilinsalze ursprünglich vorhandene fünfwertige Stickstoff in den Diazoaminoverbindungen nicht mehr vorhanden sein, da in denselben das die Fünfwertigkeit verursachende Säureradikal durch den basischen Rest ($C_6H_5 \cdot NH$) ersetzt sei und so der Fünfwertigkeit des Stickstoffes die Stütze entzogen sei.[1])

[1]) Auch die auf S. 32 erwähnte Tatsache, dafs der Iminowasserstoff in Diazoaminoverbindungen unter Umtsänden durch Metalle ersetzbar ist, spricht nicht zu Gunsten der Fünfwertigkeit des ersten Stickstoffatomes in diesen Verbindungen, sondern ist durch die saure Natur des Komplexes ($C_6H_5N_2$) in diesen Verbindungen und wahrscheinlich auch durch die Stellung des betr. Wasserstoffatomes zur vorhandenen Doppelbindung bedingt. Vergl. Henrich-Thielesche Regel und Thiele und Osborne: Über Diazoaminoverbindungen der Fettreihe. Ann. **305,** 64 [1899].

Über die Konstitution des freien Diazobenzols, sowie der Diazometallsalze äufserte sich Blomstrand in dieser ersten Abhandlung noch nicht. Später fafste er seine Ansichten über die Konstitution der Diazoverbindungen noch einmal in folgender Weise zusammen[1]: sämtliche Salze des Diazobenzols mit Mineralsäuren seien, da sie die Gruppe $-\underset{|}{N}\equiv N$ enthalten, als Azoammoniumverbindungen, die übrigen Diazo = und die Azoverbindungen älterer Auffassung, welche die Gruppe $-N=N-$ enthalten, dagegen als Azoverbindungen zu bezeichnen:

$R\cdot N\cdot Cl\,(NO_3),\,(SO_4H)$ $\;\;\;\;\;\;\;|||$ $\;\;\;\;\;\;\;N$	$R\cdot N$ $\;\;\;\;\;\;\;\|$ $\;\;\;\;\;\;\;N\cdot NHR$,	$R\cdot N$ $\;\;\;\;\;\;\;\|$ $\;\;\;\;\;\;\;N\cdot SO_3K$
Diazobenzolchlorid	Diazoaminobenzol	Diazobenzolsulfonsaures Kali
Azoammoniumverbindungen	Azokörper.	

Wir sehen hier zum ersten Male eine Erweiterung des Begriffes »Azoverbindungen« eintreten. Nach Kekulé, Mitscherlich, Zinin u. a. sind bekanntlich wahre Azoverbindungen nur solche die Gruppe $-N=N-$ enthaltende Moleküle, in welchen die Stickstoffatome beiderseits mit Phenyl verbunden sind (s. S. 6 und 37). Da inzwischen jedoch Verbindungen gefunden wurden, welche an Stelle des zweiten Phenyls NHC_6H_5, einen aliphatischen Rest wie $C:N$, $CHRR_1$,

---

[1]) Journ. f. pr. Chem. **53**, 169 [1896].

oder sogar anorganische Radikale wie SO_3K tragen und trotzdem nicht den farblosen Diazosäuresalzen, sondern den gefärbten alten Azoverbindungen im physikalischen und chemischen Verhalten sehr nahe stehen, so war Blomstrand berechtigt, die Bezeichnung »Azoverbindungen« auch auf diese Körper anzuwenden.

Die Unbeständigkeit der Diazosäuresalze beruht wie erwähnt, nach Blomstrand auf der labilen dreifachen Bindung des zweiten Stickstoffatoms mit dem ersten. Viele der zahlreichen Reaktionen dieser Salze erklären sich demnach durch das Bestreben zur Bildung der unter den gegebenen Umständen möglichst beständigen Verbindungen. Dieses Ziel lasse sich aufser durch völlige Abstofsung des gesamten Stickstoffs auch durch Übergang der Ammoniumbindung in Kettenbindung erreichen. Wenn daher nicht ausgesprochene Säureradikale, sondern leicht reagierende Verbindungen von paarungsfähigen Grundstoffen, wie $\overset{IV}{C}$, $\overset{III}{N}$, $\overset{VI}{S}$ auf ein Diazosalz einwirken, werde die Diazoverbindung (Azoammoniumverbindung) in die beständigere Azoverbindung verwandelt. Dieses geschehe am besten, wenn der reagierende Körper selbst Salze mit Alkalien geben kann, wie ein Phenol oder SO_3K, z. B.:

$$\begin{matrix} R \cdot \overset{v}{N} \cdot Cl & & K \\ ||| & & | \\ N + HC_6H_4 \cdot O & \text{oder} & SO_2 \cdot OR \end{matrix}$$

$$= KCl + R \cdot \overset{III}{N} \atop \| \atop N \cdot C_6H_4OH \quad \text{oder} \quad R \cdot \overset{III}{N} \atop \| \atop N \cdot SO_2 \cdot OK.$$

Bei Aminen entstehe, wenn Anilin angewendet wird, als erstes Stadium die Stickstoffazoverbindung, das Diazoaminobenzol, während mit tertiären Aminen sogleich das Endprodukt, die Kohlenstoffazoverbindung sich bilde. Die p-Diazobenzolsulfosäure[1]), welche sich nach Schmitt[2]) durch Behandeln der p-Aminobenzolsulfosäure oder Sulfanilsäure mit salpetriger Säure bildet, sei nur eine Variation der letzteren, welche nach Nietzki (vergl. S. 39, Fufsnote 1) ein inneres Salz

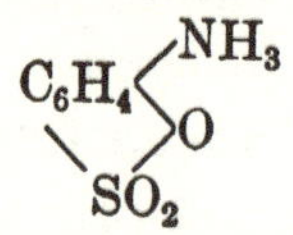

darstellt und entstehe ohne jede Umlagerung durch einfache Substitution von einem Stickstoffatom für die drei Wasserstoffatome:

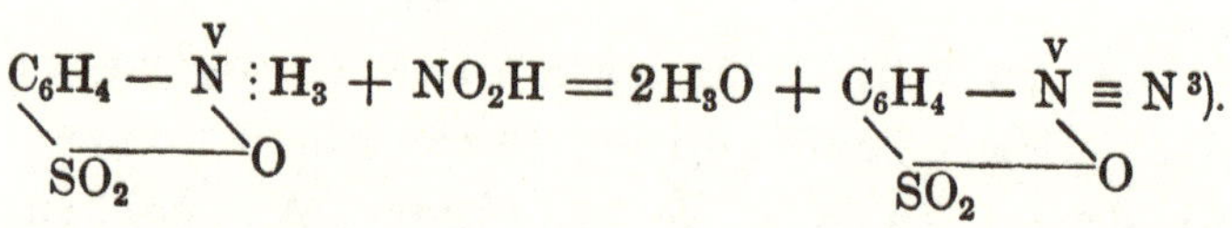

[1]) Zur Unterscheidung von der später zu erwähnenden Diazobenzolsulfosäure nennt Hantzsch obiges Diazosäureanhydrid auch Diazosulfanilsäure.

[2]) Ann. **120**, 144 [1861].

[3]) Vergl. dieselbe Auffassung von Strecker S. 39 Fufsnote 1.

Ähnlich geben nach Blomstrand die Aminobenzoesäuren, ebenso wie sie mit Säuren Salze liefern, auch Diazosäuresalze:

$$\begin{array}{l} C_6H_4 \cdot \overset{V}{N}H_3Cl \\ | \\ COOH \end{array} \quad \text{gibt} \quad \begin{array}{l} C_6H_4 \cdot \overset{V}{N} \equiv \overset{III}{N} \\ | \qquad \diagdown Cl. \\ COOH \end{array}$$

Blomstrand schliefst mit dem Satze, dafs ein strenges Festhalten des Unterschiedes zwischen dem fünfwertigen salzbildenden und dem dreiwertigen nicht salzbildenden Stickstoff die Erklärung der verschiedenen Diazoreaktionen wesentlich erleichtere. Dieser Satz fand zur Zeit seiner Aufstellung wenig Beachtung; wie denn überhaupt die Hypothesen von Blomstrand, Erlenmeyer und Strecker hauptsächlich infolge der nunmehr zu betrachtenden Einwände E. Fischers gegen dieselben lange Zeit zurückgedrängt wurden. Erst die neueste Zeit brachte die Unterscheidung Blomstrands zwischen Diazoverbindungen mit fünfwertigem und solchen mit dreiwertigem Stickstoff in aller Schärfe wieder zu Ehren und lieferte auch nach physicochemischen Methoden exakte Beweise für die Richtigkeit dieser Anschauungen.

Die ersten Einwände gegen die Formeln für Diazosäuresalze von Blomstrand etc. richteten sich dahin, dafs dieselben den Übergang dieser Salze in die inzwischen von V. Meyer entdeckten sog. gemischten

Azoverbindungen[1]) nicht genügend veranschaulichen. Wichtiger war die Annahme, dafs diese Formeln die Entstehung des im Jahre 1875 von E. Fischer entdeckten Phenylhydrazins nicht zu erklären vermöchten.

E. Fischers Einwände gegen die Formel der Salze des Diazobenzols mit Mineralsäuren von Blomstrand (1875).

Die Einwendungen von E. Fischer gegen die Azoammoniumformel der Diazosäuresalze gründeten sich, wie oben erwähnt, auf die Entstehung des Phenylhydrazins · $C_6H_5NH \cdot NH_2$ aus Diazoverbindungen. Da einerseits diese Base als Reduktionsprodukt von Diazoverbindungen auch bei den späteren Fragen über die Konstitution der letzteren eine Rolle spielt und anderseits eines der Zwischenprodukte zur Darstellung von Phenylhydrazin, das sogenannte diazobenzolsulfonsaure Kali durch die Arbeiten von Hantzsch grofse Bedeutung in Bezug auf die Diazofrage erlangt hat, dürfte zunächst eine kurze Darstellung der Entstehungsgeschichte des Phenylhydrazins am Platze sein.

In seiner ersten Abhandlung über Phenylhydrazin erwähnt E. Fischer[2]) in Bezug auf die Genesis seiner Methode folgendes: Im Jahre 1869 erhielten K. Schmitt und L. Glutz[3]) bei der Einwirkung

[1]) Über diese Verbindungen siehe S. 57.

[2]) Ber. 8, 589 [1875], vergl. auch ibid. S. 1005 und Ber. 9, 881 [1876].

[3]) Ber. 2, 51 [1869].

von saurem schwefligsaurem Kali auf Diazophenole gelb gefärbte krystallisierte Salze von der Zusammensetzung $OH \cdot C_6H_4N_2 \cdot SO_3K + H_2O$. Drei Jahre später gelangten Strecker und Römer[1]) mittels derselben Reaktion anfangs von der diazotierten Sulfanilsäure von Schmitt ausgehend und sodann mittels des Diazobenzolnitrats zu farblosen Salzen, deren letzteres die Zusammensetzung $C_6H_5N_2H_2SO_3K + H_2O$ hatte. Dieses unterscheidet sich von dem oben genannten wesentlich durch einen Mehrgehalt von 2 Atom Wasserstoff. E. Fischer zeigte nun zunächst, daſs man vom Diazobenzolnitrat ausgehend je nach den Bedingungen das gelbe oder das weiſse Salz erhält und zwar entsteht ersteres bei Anwendung der äquimolekularen Menge von neutralem Sulfit $\cdot C_6H_5N_2SO_3K$; mit überschüssigem sauren Sulfit dagegen entsteht in der Wärme das farblose Salz $C_6H_5N_2H_2SO_3K$. Das gelbe Salz gehört noch zur Klasse der Diazokörper; es verpufft beim Erhitzen; mit Zinkstaub und Essigsäure geht es in das farblose über. Letzteres ist also ein Reduktionsprodukt des ersteren. Es besitzt nicht die Eigenschaften von Diazoverbindungen, reduziert Silber- und Kupfersalze und kann durch gelinde Oxydation in das gelbe Salz zurückverwandelt werden. Setzt man zur heiſsen wässerigen Lösung des farblosen Salzes gewöhnliche Salzsäure, so wird die

[1]) Ber. 4, 784 [1871]. Zeitschr. f. Chem. 1871, 483. Römer, Inaug. Dissert. Tübingen 1872.

4*

Sulfogruppe als Schwefelsäure abgespalten und beim Erkalten erstarrt die Masse zu dem in Salzsäure schwer löslichen salzsauren Phenylhydrazin. Das weifse Salz von Strecker und Römer ist demnach phenylhydrazinsulfonsaures Kali. Diese Forscher hatten also das erste aromatische Hydrazin in Form seiner Sulfosäure in Händen.

Sie stellten für beide Salze folgende Formeln auf:

$$\begin{array}{l} C_6H_5 \cdot NH \cdot SO_3K \\ \qquad\;\; \| \\ \qquad\; N \cdot H \end{array} \qquad\qquad \begin{array}{l} C_6H_5 \cdot N \cdot SO_3K \\ \qquad\;\; \equiv \\ \qquad\; N \end{array}$$

weifses Salz: phenylhydrazinsulfonsaures Kali — gelbes Salz: Diazobenzolsulfonsaures Kali.

Es erscheint geschichtlich von Interesse, hier festzustellen, dafs letztere Formel des Diazobenzolsulfonsauren Kalis zuerst von Strecker im Jahre 1871 aufgestellt wurde, während Blomstrand diesem Salz (Journ. f. pr. Chem. [2] **53**, 174 die Formel

$$\begin{array}{l} R \cdot N \\ \quad\;\; \| \\ \quad\; N \cdot SO_3K \end{array}$$

beilegte, es also als einen Azokörper betrachtete. (Vergl. S. 46 und 48.) Im Jahre 1895 wurde die alte Streckersche Formel von V. Meyer und Jacobson für das später zu erwähnende labile Diazosulfonat von Hantzsch wieder aufgenommen und dann von Bamberger und auch von Blomstrand zu stützen gesucht.

Zur Festhaltung des wesentlichsten constitutiven Unterschiedes zwischen diesem Salze und der Diazosulfanilsäure von Schmitt mögen die damals geltenden und auch die heutigen Formeln beider Salze hier Platz finden:

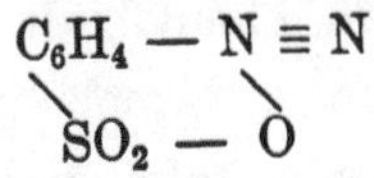

p-Diazobenzolsulfonsäure.

Diazosulfanilsäure von Schmitt, erklärt von Strecker; die Formel hat noch heute Geltung.

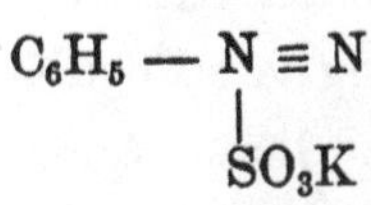

alte Formel

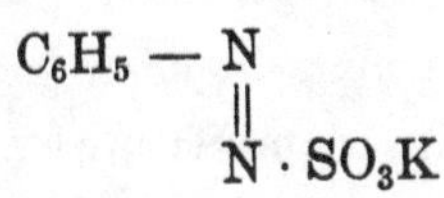

neue Formel

gelbes Diazobenzolsulfonsaures Kali.

Benzoldiazosulfonsaures Kali, Strecker-Römersches, oder E. Fischersches Salz.

Die wesentlichen Unterschiede beider Salze bestehen darin, dafs im gelben diazobenzolsulfonsauren Kali die Sulfogruppe an den Stickstoff gebunden ist, daher verhältnismäfsig leicht abspaltbar ist, während sie in der Diazosulfanilsäure sich im Benzolkerne befindet und daher nicht abspaltbar ist.

Die Entstehung des Phenylhydrazins aus dem diazobenzolsulfonsauren Kali durch Reduktion und Elimination der Sulfogruppe gab nun E. Fischer[1]) den Anlafs, die Blomstrandschen Formeln zu

---

[1]) Ber. **10**, 1331 [1877].

verwerfen, obwohl er zugab, dafs sie, seit man die Salze der Aminbasen als Derivate des fünfwertigen Stickstoffes betrachtete, für die Entstehung des Diazobenzols aus Anilinsalzen eine schematisch einfache Erklärung geben. Für die Umwandlung des diazobenzolsulfonsauren Salzes in Phenylhydrazin würde nämlich die Formel von Strecker molekulare Umlagerungen und zwar eine solche von fünfwertigem Stickstoff in dreiwertigen durch Wasserstoffzufuhr und von dreiwertigem in fünfwertigen durch Wasserstoffentziehung verlangen, eine Annahme, die aller Wahrscheinlichkeit entbehre.

Nimmt man dagegen bei der Bildung von Phenylhydrazin aus dem Streckerschen Salze keine Änderung in den Valenzen der Stickstoffatome an, so kommt man zu einer Formel für Phenylhydrazin, deren Unrichtigkeit E. Fischer bewiesen hat, in folgender Weise:

$$C_6H_5 \cdot \overset{V}{N} \cdot SO_3K \quad \longrightarrow \quad C_6H_5 \cdot \overset{V}{N} \cdot H \cdot SO_3K$$
$$\qquad\equiv N \qquad\qquad\qquad\qquad = N \cdot H$$

Diazobenzolsulfonsaures Kali — phenylhydrazinsulfonsaures Kali?

$$\longrightarrow C_6H_5\overset{V}{N}H_2 \cdot HCl$$
$$= NH$$

salzsaures Phenylhydrazin?

Hiernach hätte also das Phenylhydrazin die Formel:

$$C_6H_5 \cdot N \cdot H_2$$
$$= N \cdot H.$$

Es ist hier zu bemerken, dafs Erlenmeyer[1]) tatsächlich diese Konsequenz aus seiner Formel der Diazosäuresalze zog und dafs Kolbe[2]) schon früher das Phenylhydrazin so formuliert hatte.

Der Beweis der Unrichtigkeit dieser Formel, welche fünfwertigen Stickstoff verlangen würde, ohne dafs an demselben sich ein Säureradikal befindet, ist nach E. Fischer[3]) folgender: Phenylhydrazin liefert mit Bromäthyl eine Ammoniumverbindung $C_6H_5N_2H_2(C_2H_5) \cdot C_2H_5 \cdot Br$. Die gleiche Verbindung entsteht durch direkte Anlagerung von BrC_2H_5 an Äthylphenylhydrazin. Da letzteres aus Äthylanilin durch Ersatz des letzten Ammoniakwasserstoffes durch die Gruppe NH_2 entsteht, und daher sicher die Formel

$$\begin{matrix} C_6H_5 \\ C_2H_5 \end{matrix}\!\!>\! N \cdot NH_2$$

besitzt, so mufs in der Ammoniumverbindung des Phenylhydrazins dieselbe Atomgruppe vorhanden sein, d. h. das Phenylhydrazin mufs die Gruppe $> N - NH_2$ enthalten, also die Formel $C_6H_5NH \cdot NH_2$ besitzen; seine Entstehung lasse sich daher nur mittels der Formel von Kekulé einfach darstellen:

$$C_6H_5 - N = N \cdot Cl \rightarrow C_6H_5N = N \cdot SO_3K$$

$$\rightarrow C_6H_5 - \underset{H}{N} - \underset{H}{N} \cdot SO_3K \rightarrow C_6H_5 - \underset{H}{N} - \underset{H_2}{N} \cdot HCl.$$

---

1) Ber. **16,** 1458 [1885].

2) Journ. pr. Chem. [2] **13,** 320 [1876].

3) Ann. **190,** 67 [1877]; Hauptabhandlung über Phenylhydrazin.

Die heutige Auffassung der Entstehung des diazobenzolsulfonsauren Kalis aus Diazobenzolchlorid beseitigt zwar, wie später gezeigt wird, die genannten Schwierigkeiten in der Formulierung des Phenylhydrazins ebenfalls; damals jedoch machte die inzwischen durch V. Meyer[1]) gefundene Darstellung desselben durch Reduktion von Diazobenzolchlorid mit Zinnchlorür noch mehr als die Fischersche eine Erklärung und Formulierung dieses Vorganges durch Blomstrand notwendig. Dieser Autor sagt hierüber etwa folgendes: Bei der Reduktion des Diazobenzolchlorids zu Phenylhydrazin müsse man zwei Stadien unterscheiden. Im ersten werde Wasserstoff angelagert und so das fünfwertige α-Stickstoffatom[2]) dreiwertig; es bilde sich Salzsäure, welche sodann das β-Stickstoffatom unter Anlagerung fünfwertig macht:

$$R \cdot \underset{\substack{| \\ Cl}}{\overset{V}{N}} \vdots N + H_4 = R \cdot \overset{III}{N} \cdot H \cdot \overset{III}{N}H_2 + HCl = R \cdot \overset{III}{N} \cdot H \cdot \overset{V}{N}H_3 \cdot Cl$$

Zur Annahme, dafs das freie Phenylhydrazin die Formel $C_6H_5 \cdot NH_2 : NH$ habe, sei kein Grund vorhanden, da einerseits der α-Stickstoff keine Ursache zur Fünfwertigkeit habe und anderseits bei vollständiger Reduktion eine Doppelbindung zwischen den beiden Stickstoffatomen nicht möglich sei.[3])

[1]) Ber. **16**, 2976 [1883].

[2]) α-Stickstoffatom ist das dem Phenyl zunächststehende.

[3]) Journ. pr. Chem. [2] **53**, 176 [1896].

Blomstrands Formel erklärt also die Bildung des Phenylhydrazins in ganz einfacher Weise.[1]) Infolge der erwähnten Einwände wurden jedoch die Formeln von Strecker, Erlenmeyer und Blomstrand nach kurzer Zeit fast völlig zu Gunsten der Kekuléschen verdrängt. Ihre Wiederaufnahme erfolgte erst im Jahre 1895 durch Bamberger. Das erneute, hauptsächlich durch Hantzsch vom physikalisch-chemischen Standpunkte aus wieder aufgenommene Studium der Diazosäuresalze lieferte sodann auch den strengen Beweis der Richtigkeit jener Formeln. (Vergl. Kapitel: Constitution der Diazosäuresalze.) Ehe wir jedoch zur Betrachtung desselben übergehen, ist die Weiterentwicklung der Chemie der aromatischen Diazoverbindungen an den Entdeckungen von V. Meyer u. a. chronologisch zu verfolgen.

Über die sogenannten gemischten Azoverbindungen (1877—1893).

Das Auftreten der im Titel genannten Körperklasse gab Veranlassung zur Entstehung einer der wichtigsten Fragen der Chemie der aromatischen Diazoverbindungen, jener nach der Constitution des

---

[1]) Übrigens fällt nach Goldschmidt, Ber. **28**, 2020 [1895], der Einwand, dafs die Formel von Blomstrand verschiedene Umsetzungen der Diazosäuresalze nicht zu erklären vermöge, nach dem heutigen Stande der Theorie der Lösungen fort.

freien Diazobenzols. Gewisse Erscheinungen bei der Bildung der gemischten Azoverbindungen liefsen die Annahme zu, dafs die von *Kekulé* aufgestellte Formel für das freie Diazobenzol

$$C_6H_5N = N \cdot OH$$

den Tatsachen nicht entspreche. Inwieweit die Eigenschaften der gemischten Azoverbindungen diese Annahme rechtfertigen, wird am Schlusse dieses Abschnittes zu zeigen versucht werden.

Im Jahre 1874 erhielten V. *Meyer* und *Ambühl*[1]) aus wässerigen Lösungen von Diazobenzolnitrat und Nitroäthannatrium

$$\begin{array}{c} CH_3 \\ | \\ H - C - Na \\ | \\ NO_2 \end{array}$$

ein gelb gefärbtes kristallinisches Reaktionsprodukt, welches V. *Meyer* Nitroäthylazophenyl nannte und als Azobenzol auffafste, in welchem ein Phenylrest durch das aliphatische Nitroäthyl ersetzt ist:

$$\begin{array}{rl} & CH_3 \\ & | \\ C_6H_5 - N = N - & C - H. \\ & | \\ & NO_2 \end{array}$$

Die Verbindung löst sich in Alkalien unter Bildung beständiger Salze. Um zu prüfen, ob der der Nitrogruppe benachbarte Wasserstoff allein der Träger

---

[1]) Ber. 7, 751 [1874]; 8, 1073 [1875].

der sauren Eigenschaften dieser Verbindung sei, brachte V. Meyer das Pseudonitropropankalium

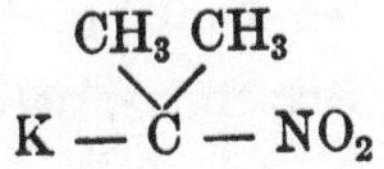

mit Diazobenzolnitrat zusammen und erhielt, wie erwartet, ein gelbes, in Alkalien unlösliches neutrales Öl, dem er die Zusammensetzung

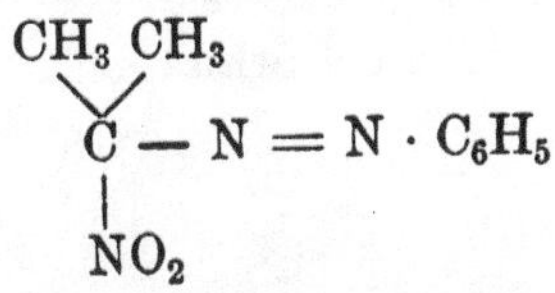

Azo-Nitropseudopropan-Benzol

zuschrieb. Diese Verbindung konnte in der Tat in Alkalien nicht löslich sein, da der die Nitrogruppe tragende Kohlenstoff keinen Wasserstoff besitzt; sie ist daher eine wahre Azoverbindung[1]) und es sind also die sauren Eigenschaften des Nitroäthylazophenyls

---

[1]) Vergl. Bamberger: Zur Kenntnis der sog. Nitroazoparaffine Ber. 31, 2626 [1898], Fufsnote. In dieser Abhandlung zeigte Bamberger u. a., dafs die Annahme V. Meyers, in den Alkalisalzen der Nitroparaffine sei am Kohlenstoff befindlicher Wasserstoff durch Metall ersetzt, unrichtig ist, dafs vielmehr nach den von Nef, Holleman, Konowalow und besonders Hantzsch auf dem Gebiete der aliphatischen Nitroverbindungen gemachten Erfahrungen man es hier mit Pseudosäuren zu tun hat, deren Salze das Metall in Bindung mit der Nitrogruppe (Isonitrogruppe) enthalten. Das Pseudonitropropankalium hat demnach nicht die Formel

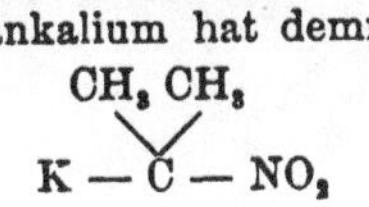

sondern

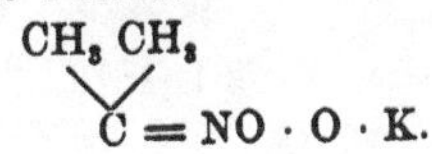

nur durch das Vorhandensein jenes der Nitrogruppe benachbarten Wasserstoffes bedingt. V. Meyer liefs in der Folge, um den Umfang der neuen Reaktion kennen zu lernen, Diazobenzolsalz auch auf andere aliphatische Verbindungen mit labilen Wasserstoffatomen einwirken[1]) und erhielt so aus Natracetessigester und Diazobenzolnitrat in alkalischer Lösung eine in Alkalien lösliche, hellgelbe kristallinische Verbindung, welcher er die Formel

$$\begin{array}{l} CH_3 \\ | \\ CO \\ | \\ C_6H_5 - N = N - CH \\ | \\ COOH \end{array}$$

Azophenylacetessigsäure

gab, neben dem angeblich (vergl. Bülow, Ber. **32**, 197 [1899]) in Alkalien unlöslichen Azobenzolacetessigester (Züblin).[2]) Im Jahre 1884 gelangten V. Meyer und Münzer durch Spaltung des letzteren mit Alkalien zum ersten Repräsentanten der Benzolazoketone, dem **rot** gefärbten Benzolazoaceton, dem sie die Formel

$$C_6H_5 - N = N - CH_2 - CO - CH_3$$

erteilten. Es ist in Alkalien fast unlöslich. Durch Einwirkung von Natriummalonsäureester auf Diazo-

[1]) Ber. **9**, 384 [1876].

[2]) Ber. **11**, 1417 [1878].

benzolsalze erhielten sie ferner **rote**, kristallisierte Verbindungen, welche sie als Benzolazomalonsäure und deren Ester ansprachen.

Das Interesse an diesen leicht zu erhaltenden und sich durch starke Färbungen (gelb oder rot) auszeichnenden Derivaten des Diazobenzols, welche wegen ihres aliphatischen Restes aliphatisch-aromatische, oder gemischte Azoverbindungen[1]) genannt wurden, wuchs, als durch weitere Versuche wahrscheinlich gemacht war, daſs viele von ihnen keine Azoverbindungen sind. Im Jahre 1887 beobachteten nämlich Japp und Klingemann[2]), daſs bei der Einwirkung von Diazobenzolchlorid auf die Natriumverbindung des Methylacetessigesters die Diazogruppe unter Verdrängung des Acetylrestes in das Molekül des Methylacetessigrestes eintritt unter Bildung einer Verbindung, die als

Benzol-α-Azopropionsäure

$$\begin{array}{l} C_6H_5 \cdot N = N \cdot \underset{\displaystyle CH_3}{\underset{|}{CH}} \cdot COOH \end{array}$$

---

[1]) Die einfachsten gemischten Azoverbindungen sind Benzol-azo-methan (Azophenylmethyl) $C_6H_5N = N \cdot CH_3$; Benzolazoäthan $C_6H_5N = N \cdot CH_2CH_3$ eigentümlich riechende gelb gefärbte Öle, welche aus den entsprechenden Hydrazinen durch gemäſsigte Oxydation mit HgO erhalten werden. Das Benzol-azo-äthan wandelt sich mittels Schwefelsäure in das isomere Äthylidenphenylhydrazon um. E. Fischer, Ber. **29**, 793 [1896].

[2]) Ber. **20**, 2942, 3284, 3398 [1887].

zu bezeichnen gewesen wäre, wenn sie sich nicht als identisch mit der von E. Fischer und Jourdan[1]) aus Phenylhydrazin und Brenztraubensäure erhaltenen Brenztraubensäurephenylhydrazon

$$\begin{array}{l} C_6H_5 - N - N = C - COOH \\ \qquad\quad \diagdown \qquad\quad | \\ \qquad\quad\ H \qquad\ CH_3 \end{array}$$

(schwachgelbe Nadeln, Schmelzpunkt 169°) erwiesen hätte. Japp und Klingemann nahmen daher an, dafs diejenigen sogenannten gemischten Azoverbindungen, welche durch Einwirkung von Diazosalzen auf Verbindungen vom Acetessigsäuretypus entstehen, in Wirklichkeit Hydrazide (recte Hydrazone)[2]) sind. Man müsse also bei der Entstehung dieser Verbindungen eine molekulare Umlagerung des Diazobenzolrestes in den Phenylhydrazinrest annehmen. Nachdem diese Forscher weiter gefunden hatten, dafs das Hydrazon des sogenannten Benzolazoacetons identisch mit der von Pechmann aus Methylglyoxal und Phenylhydrazin erhaltenen Verbindung

$$\begin{array}{l} \qquad\quad CH = N \cdot NH \cdot C_6H_5 \\ \qquad\quad | \\ CH_3 \cdot C = N \cdot NH \cdot C_6H_5, \end{array}$$

---

[1]) Ber. **16**, 2241 [1883].

[2]) Hydrazide enthalten die einwertigen Reste $C_6H_5N \cdot NH_2$ oder $C_6H_5NH \cdot NH$, Hydrazone dagegen den zweiwertigen Rest

$$\begin{array}{l} C_6H_5N - N = \\ \qquad \diagdown \\ \qquad\ H. \end{array}$$

also ein Dihydrazon ist, mufste für die bisherige Formel des Benzolazoacetons

$$CH_3 \cdot CO \cdot CH_2 \cdot N = N \cdot C_6H_5$$

die neue, es als Hydrazon charakterisierende Formel

$$CH_3 \cdot CO \cdot CH = N \cdot NH \cdot C_6H_5$$

aufgestellt werden.

Diese Hydrazone sind in Bezug auf Bildungsweise und die Art der Bindung der Stickstoffgruppe an den aliphatischen Rest den aliphatischen Iso-Nitrosoverbindungen

$$\begin{matrix} R \\ R_1 \end{matrix}\!\!>C = N \cdot OH$$

analog und es würde nach *Japp* und *Klingemann* der Parallelismus zwischen salpetriger Säure und Diazobenzol bei den Entstehungen von Isonitrosoverbindungen einerseits und Hydrazonen anderseits dann deutlicher hervortreten, wenn man das *freie Diazobenzol als das Anilid der salpetrigen Säure* betrachtete. Es liefse sich dadurch die Bildung der erwähnten Hydrazone mittels Diazobenzol ohne Annahme einer molekularen Umlagerung erklären und es würde also allgemein das Diazobenzol in der Nitrosaminform gedacht auf aliphatische Verbindungen mit beweglichen Methylengruppen unter Bildung von Hydrazonen einwirken können, z. B.:

$$\begin{matrix} R \\ R_1 \end{matrix}\!\!>CH_2 + O = N - \underset{H}{N} - C_6H_5 \rightarrow \begin{matrix} R \\ R_1 \end{matrix}\!\!>C = N \cdot \underset{H}{N} \cdot C_6H_5.$$

Bei diesen Ausführungen wurde von Japp und Klingemann übersehen, daſs schon V. Meyer durch die Reaktion von Nitropseudopropan mit Diazobenzol gezeigt hatte, daſs auch aliphatische Verbindungen, welche nur ein bewegliches Wasserstoffatom enthalten, mit Diazobenzol zu reagieren vermögen. Letzteres ist aber nur der Fall, wenn dieses die Oximform $OH \cdot N = N \cdot C_6H_5$ besitzt. Der Satz von Japp und Klingemann könnte also nur für aliphatische Verbindungen mit zwei beweglichen Wasserstoffatomen Geltung haben. Wir werden später sehen, daſs er tatsächlich unrichtig ist. Inzwischen jedoch mehrten sich die Fälle, in welchen auf die genannte Weise Hydrazone an Stelle von Azoverbindungen entstanden.[1])

So fand im Jahre 1887 R. Meyer[2]), daſs das Einwirkungsprodukt von Diazobenzolchlorid auf Malonsäureäther nicht Benzolazomalonsäureester, sondern das Phenylhydrazon des Mesoxalsäureesters, nämlich

$$\begin{array}{l} COOR \\ | \\ C = N - N - C_6H_5 \\ | \qquad\qquad \diagdown \\ COOR \qquad\quad H \end{array}$$

[1]) In einer Anmerkung sprechen Japp und Klingemann die interessante Ansicht aus, ein Diazobenzol von der Zusammensetzung $C_6H_5NH \cdot N : O$ werde mit Säuren Salze liefern, welche die von Blomstrand etc. für Diazosäuresalze angenommene Konstitution besäſsen: $\underset{H}{C_6H_5N} \cdot N : O + HCl \rightarrow C_6H_5 \cdot \underset{Cl}{N} \vdots N + H_2O.$ Es wird auf diese Auffassung zurückgegriffen werden.

[2]) Sitzungsber. d. Müchener chem. Ges. 1. Juli 1887 und Chem. Zeitg. 1887 Nr. 55 S. 836.

ist. R. Meyer nahm an, dafs das Diazobenzol hier zwar in der normalen Form reagiert habe, dafs jedoch die ursprünglich gebildete Azoverbindung sich in Momente der Entstehung in das Hydrazon verwandelt habe. Bald darauf kam V. Meyer[1]) zur Ansicht, dafs das von ihm im Jahre 1877 aus Diazobenzolnitrat und Natracetessigester erhaltene, angeblich in Alkalien unlösliche Condensationsprodukt gerade wegen dieser Unlöslichkeit das Phenylhydrazon des Acetessigesters sei:

$$\begin{array}{l} CH_3 \cdot CO \cdot \underset{\displaystyle \| \atop \displaystyle N \cdot NH \cdot C_6H_5.}{C} \cdot COOR \end{array}$$

Anderseits stellte er durch Versuche (Einwirkung von Dibromnitroäthan auf Phenylhydrazin) fest, dafs das eingangs dieses Kapitels erwähnte, in Alkali lösliche Benzolazonitroäthan wirklich eine Azoverbindung ist.[2])

Inzwischen war anderseits durch Zincke[3]) nachgewiesen worden, dafs nicht nur viele sogenannte gemischte Azoverbindungen mit aliphatischen Radikalen den Hydrazontypus zeigen, sondern dafs diese Form auch bei echten aromatischen Azoverbindungen vorkommt. Dieser Forscher fand nämlich, dafs durch Einwirkung von Phenylhydrazin auf α- und β-Naphtochinon Verbindungen entstehen, welche mit den

---

[1]) Ber. **21,** 11 [1888].

[2]) Bamberger dagegen fafst diese Verbindung als Hydrazon auf: Ber. **31,** 2626 [1898]; vergl. auch Ber. **27,** 155 [1894].

[3]) Ber. **17,** 3026 [1884].

Einwirkungsprodukten von Diazosalzen auf α- und β-Naphtol identisch waren, und später stellte Goldschmidt[1]) aus Chinonoxim und Phenylhydrazin ein mit dem p-Oxyazobenzol identisches Kondensationsprodukt dar. Es war demnach sehr wahrscheinlich geworden, dafs das freie p-Oxyazobenzol nicht die Azoformel

$$C_6H_5 \cdot N = N \cdot C_6H_4 \cdot OH,$$

sondern die Hydrazonformel

$$C_6H_5 \cdot \underset{H}{N} \cdot N - C_6H_4 = O$$

besitze und also als Chinonphenylhydrazon zu betrachten sei.[2])

Diese interessanten Tatsachen lenkten das Interesse verschiedener Forscher neuerdings auf das Gebiet der gemischten Azoverbindungen. Nach v. Pechmann und Jenisch[3]) bilden sich bei der Einwirkung von Diazobenzol auf aliphatische Ketonsäuren, Ketone etc. nicht immer Phenylhydrazinverbindungen, sondern unter gewissen Bedingungen auch Phenylazoverbindungen (vergl. Beyer und Claisen[4]): Phenylazoacetylaceton). Das Zustandekommen der einen

---

[1]) Ber. **23**, 487 [1890]; **24**, 2300 [1891].

[2]) Nach neueren Untersuchungen von Farmer und Hantzsch Ber. **32**, 3089 [1899] scheint die Tautomerie der Oxyazoverbindungen tatsächlich erwiesen zu sein.

[3]) Ber. **24**, 3255 [1891].

[4]) Ber. **21**, 1697 [1888]; vergl. dagegen v. Pechmann Ber. **25**, 3190 [1892], wonach diese Verbindung ein Hydrazon ist, da sie sich acylieren läfst.

oder anderen Verbindung hänge u. a. auch von der Art der Anwendung des Diazobenzols ab. Aus Acetondicarbonsäure und Diazobenzolchlorid bei Gegenwart von Natriumacetat erhielt v. Pechmann eine Verbindung, die er als Disbenzolazoaceton

$$\begin{array}{ccccc} H_2C & - & CO & - & CH_2 \\ | & & & & | \\ N_2C_6H_5 & & & & N_2C_6H_5 \end{array}$$

bezeichnete, wogegen Bamberger und Wültz[1]) u. a. aus Aceton und Diazosalz in alkalischer Lösung das Diphenylhydrazon des Mesoxalaldehyds erhielten. v. Pechmann kommt auf Grund seiner Untersuchungen zu dem Schlusse, daſs die genannten Erscheinungen zu der Annahme drängen, das Diazobenzol könne in zwei tautomeren Formen reagieren.

Zur Charakteristik der neuen Hydrazone gibt v. Pechmann an, daſs sie sich acylieren lassen und die Bülowsche Reaktion[2]) geben.

---

[1]) Ber. **24**, 2793 [1891].

[2]) Die Bülowsche Reaktion, Ann. **236**, 197 [1886], rote bis violette Färbungen der Lösungen in konzentrierter Schwefelsäure mit Oxydationsmitteln geben nach O. Widman, Ber. **27**, 2964 [1894], nur die β- oder symmetrischen Phenylhydrazide $\underset{H}{C_6H_5N} - \underset{H}{N} - COR$, die asymmetrischen oder α-Hydrazide $\underset{\substack{|\\ CO - R}}{C_6H_5N} - NH_2$ dagegen nicht. Die Hydrazone der Phenylreihe dagegen geben, in gleicher Weise behandelt, blaue Färbung, jene der Paratolylreihe nicht. v. Pechmann und Runge Ber. **27**, 1696 [1894].

Weitere Untersuchungen von v. Pechmann und Bamberger führten zur Entdeckung der

Formazylverbindungen.

Die Existenz dieser Körperklasse macht es, wie wir sehen werden, höchst unwahrscheinlich, dafs das Diazobenzol bei der Entstehung der sogenannten gemischten Azoverbindungen a priori in der tautomeren Form reagiert. Bei der Einwirkung von überschüssigem Diazobenzolchlorid auf Malonsäure in essigsaurer Lösung erhielt nämlich v. Pechmann[1]) statt des erwarteten Mesoxalsäurephenylhydrazons eine in roten Nadeln krystallisierende sauerstofffreie Verbindung von der Zusammensetzung $C_{13}H_{12}N_4$; in alkalisch-alkoholischer Lösung dagegen eine Verbindung $C_{16}H_{16}N_4O_2$. Erstere nannte er Formazylwasserstoff und stellte für dieselbe die Formel

$$\begin{array}{l} C_6H_5 - N = N \searrow \\ \qquad\qquad\qquad\qquad CH \\ C_6H_5 - \underset{H}{N} - N \nearrow \end{array}$$

auf, letztere ist der Äthylester einer Säure, welche v. Pechmann Formazylcarbonsäure

$$\begin{array}{l} C_6H_5 \cdot N = N \searrow \\ \qquad\qquad\qquad\qquad C \cdot COOH \\ C_6H_5 \cdot \underset{H}{N} - N \nearrow \end{array}$$

nennt. Diese Formazylverbindungen sind entstanden zu denken, indem auf ein Molekül ursprünglich

[1]) Ber. **25**, 3175 [1892].

gebildeten Mesoxalsäurephenylhydrazons ein weiteres Molekül Diazobenzol einwirkt:

$$C_6H_5NH \cdot N = C\begin{matrix} \diagup COOR \\ \diagdown COOR \end{matrix} + C_6H_5N_2OH$$

$$= \begin{matrix} C_6H_5 \cdot NH \cdot N \diagdown \\ C_6H_5N = N \diagup \end{matrix} C \cdot COOR + CO_2 + H_2O.$$

In der Folge wurden derartige Formazylverbindungen von Bamberger[1]) auch aus Ketonsäuren erhalten und von W. Wislicenus[2]) ihre Constitution durch eine Synthese des Phenylformazyls aus Benzalphenylhydrazon und Diazobenzol festgelegt. Nach v. Pechmann vollzieht sich die Reaktion des Diazobenzols auf Hydrazone von der Form

$$C_6H_5NH \cdot N = C\begin{matrix} \diagup x \\ \diagdown y \end{matrix}$$

allgemein in der Weise, dafs x bezw. y in Form ihrer Hydroxylverbindungen abgespalten und gleichzeitig durch die Gruppe $(C_6H_5N_2)$ ersetzt werden. Hierbei ist vorausgesetzt, dafs x und y Wasserstoff, Carboxyl, Carbäthoxyl, oder ein Säureradikal ist.

Da bei der Bildung von Formazylverbindungen aus Hydrazonen und derjenigen des Pseudonitropro-

---

[1]) Bamberger und Wheel Ber. **25**, 3201 [1892]. Bamberger und Lorenzen Ber. **25**, 3539. Bamberger und de Gruyter Ber. **26**, 2783 [1893]. Bamberger und Witter Ber. **26**, 2786 [1893]. Bamberger und Kohlermann Ber. **26**, 2978 [1893].

[2]) Ber. **25**, 3456 [1892].

panazobenzols nur ein labiles Wasserstoffatom zur Verfügung steht, so kann in diesen Fällen das Diazobenzol nur in der Hydroxyl-(Oxim)form reagiert haben. Es wird sodann später gezeigt werden, daſs in alkalischen Lösungen, in welchen die Hydrazone und Formazyle meist dargestellt werden, das Diazobenzol nicht in zwei Strukturzuständen vorhanden sein kann. Es kann also z. B. die Bildung der Formazyle nur so stattfinden, daſs sich zuerst die Azoverbindung bildet und nach ihrer Umlagerung zum Hydrazon weiteres Diazobenzol aus diesem die Formazylverbindung erzeugt. Die Entstehung der Hydrazone kann auf folgende Weise dargestellt werden:

$$\text{I.}\quad H-\overset{|}{\underset{|}{C}}-H + HO-N=N-C_6H_5$$

$$\rightarrow H-\overset{|}{\underset{|}{C}}-N=N-C_6H_5 + H_2O.$$

$$\text{II.}\quad H-\overset{|}{\underset{|}{C}}-N=N\cdot C_6H_5 \rightarrow \overset{|}{\underset{|}{C}}=N-N\cdot H\cdot C_6H_5.$$

(Über eine andere Auffassung der Bildung von Hydrazonen bei Annahme von normalem Diazobenzol vergl. v. Pechmann, Ber. **25**, 3200 [1892].)

Betrachten wir nochmal die Bedeutung der sogenannten gemischten Azo- und der Formazylverbindungen in Bezug auf die Frage der Konstitution des freien

Diazobenzols, so ist zunächst zu berücksichtigen, daſs die Bildung von Hydrazonen sich im Laufe der Zeit als Ausnahme gegenüber jener von wahren Azoverbindungen ergab. Claisen[1]) erwähnt schon im Jahre 1888, daſs die Hydrazonformel nur für das sogenannte Benzolazoaceton erwiesen ist und fand seinerseits stets eine Reihe von Derivaten, so des Acetessigaldehyds, Acetylacetons, Dibenzoylmethans etc., die wegen ihrer Löslichkeit in Alkalien und aus anderen Gründen nur Azoverbindungen sein können. In neuerer und neuester Zeit brachten ganz besonders die Arbeiten von Bülow[2]) Aufklärung über dieser Gebiet der Diazochemie. Von diesem Autor wurde zunächst nachgewiesen, daſs Benzolazoacetessigester nicht wie V. Meyer annahm, in Alkalien unlöslich, sondern löslich ist und daſs derselbe, ebenso wie das von Knorr[3]) aus Diazobenzol und Phenylmethylpyrazolon erhaltene Kondensationsprodukt eine Azoverbindung ist. Im Verfolge der Tatsache, daſs Hydrazone sich meist bilden, wenn die ursprüngliche aliphatische Verbindung bei der Kombination mit Diazobenzol eine partielle Zersetzung erleidet und des ferneren, daſs diese Reaktionen meist beim Arbeiten in alkalischer Lösung auftreten, wie die Versuche von Japp und

---

[1]) Ber. **21,** 1697 [1888].

[2]) Ber. **32,** 197 [1899].

[3]) Ber. **21,** 1202 [1888]; vergl. auch Kjellin Ber. **30** 1965 [1897].

Klingemann[1]), sowie von Bischler[2]) mit Methyl-, Phenacyl- und Acetonylacetessigester beweisen, fand Bülow[3]), dafs Diacetbernsteinsäureester in neutraler Lösung mit einem Molekül Diazobenzol unter Bildung einer Azoverbindung reagiert und nahm ferner an, dafs die primären Reaktionsprodukte von Diazobenzol und β-Ketonsäureestern etc. beim Arbeiten in neutraler oder essigsaurer Lösung wahrscheinlich stets Azoverbindungen sind und erst in sekundärer Reaktion Hydrazone dann entstehen, wenn im weiteren Verlaufe eine negative Gruppe von demjenigen Kohlenstoffatom abgespalten wird, mit dem die Azogruppe in direkter Bindung stand. Spätere Combinationen von zehn (1—3)-Ketonsäureestern mit Diazobenzol in neutraler Lösung ergaben nur Azoverbindungen und lieferten wichtige Gesetzmäfsigkeiten.[4]) Die weitere Beobachtung von Bülow, dafs derartige Combinationen nicht nur in neutraler und alkalischer, sondern sogar in stark saurer Lösung[5]) (und besonders mit nitrierten Diazobenzolsalzen) gelingen, sprechen ganz besonders zu Gunsten der Bülowschen Auffassung von der Constitution dieser gemischten Azoverbindungen, da in saurer Lösung das Auftreten der fraglichen

---

[1]) Ber. **20**, 2942 [1887].

[2]) Ber. **25**, 3143; **26**, 1881 [1893].

[3]) Bülow und Schlesinger Ber. **32**, 2880 [1899]; **33**, 3362 [1900].

[4]) Bülow und Hailer Ber. **35**, 915 [1902].

[5]) Bülow und Schlotterbeck Ber. **35**, 2187 [1902].

Umlagerungen im allgemeinen ebenso wenig wie in alkalischer zu erwarten ist.

Die verhältnismäfsig seltene Bildung von Hydrazonen bei den genannten Reaktionen ist also zunächst von der Natur des betreffenden aliphatischen Componenten abhängig. (Acetessigester bildet Azoverbindungen, Malonester Hydrazone.) Sie ist sodann an das Vorhandensein von 2 beweglichen Wasserstoffatomen, sowie an den Grad der Beweglichkeit des nach eingetretener Combination mit Diazobenzol noch vorhandenen Wasserstoffes, oder den der Abspaltbarkeit einer benachbarten negativen Gruppe gebunden und endlich abhängig von dem Zustande, in dem sich das Diazobenzol zu Beginn der Reaktion befindet. Die Frage der Constitution der gemischten Azoverbindungen konnte zu einer Zeit nicht endgültig gelöst werden, in der man sich über diesen Zustand in Unklarheit befand und von Diazobenzol im allgemeinen sprach, während dasselbe bei den in Rede stehenden Untersuchungen je nach den Versuchsbedingungen zu Beginn der Reaktion als Salz mit Mineralsäuren, oder als Diazotat (Alkalisalz), oder endlich vielleicht wirklich von vornherein als Diazobenzolhydrat oder Phenylnitrosamin sich vorfand. Die Frage der Zusammensetzung der gemischten Azoverbindungen ist zur Zeit noch nicht endgiltig gelöst. Wahrscheinlich sind einige derselben tautomere Stoffe, andere wirkliche Hydrazone und viele wahre Azoverbindungen.

Jedenfalls vermochte ihre Existenz zur Zeit ihrer Entdeckung und auch späterhin über die Constitution des freien Diazobenzols keinen sicheren Aufschlufs zu geben und berechtigt heute weniger als je, dieses nach v. Pechmann als tautomere Substanz bezw. nach Japp und Klingemann als das Anilid der salpetrigen Säure zu betrachten. Die Constitution der freien Diazohydrate wurde einwandfrei erst später von Hantzsch ermittelt. Es war jedoch durch diese Untersuchungen bei vielen Forschern der Wunsch nach Lösung dieser Frage lebhaft geworden. Die diesbezüglichen ersten Versuche und Erfahrungen werden im folgenden Abschnitte beschrieben.

Entwicklung der Hypothese von der Tautomerie des freien Diazobenzols.

Obwohl, wie wir sahen, die Existenz der sogenannten gemischten Azoverbindungen und Formazyle das Auftreten des freien Diasobenzols in einer zweiten Form durchaus nicht zur Voraussetzung macht, so hatte doch das Studium dieser Körper die Annahme von Tautomerie bei Diazoverbindungen hervorgerufen. Vergegenwärtigen wir uns nochmals kurz der damaligen Ansichten der hervorragendsten Autoren über diesen Gegenstand. Schon im Jahre 1888 hatte

V. Meyer[1]) die ersten Andeutungen über eine neue Auffassung der Constitution des Diazobenzols gegeben; dann sprach v. Pechmann[2]) im Jahre 1891 zum ersten Male aus, die bei den gemischten Azoverbindungen beobachteten Erscheinungen liefsen vermuten, das Diazobenzolhydrat reagiere in 2 tautomeren Formen. Fast gleichzeitig nahmen Japp und Klingemann[3]), sowie Bamberger[4]) an, dafs in solchen Fällen das Diazobenzol im Sinne des Nitrosoanilins $C_6H_5NH \cdot NO$ reagiere und a. a. O.[5]) sagt derselbe Forscher, es erscheine wohl denkbar, dafs das im allgemeinen als Isonitrosoderivat des Anilins betrachtete Diazobenzol $C_6H_5N(NOH)$ in **alkalischer** Lösung seine Elemente in einer der Nitrosoformel $C_6H_5—NH \cdot NO$ entsprechenden Weise gruppiert enthalte.

Derartige Ansichten bedurften der experimentellen Stütze um so mehr, als in der Bildung und dem Verhalten der gemischten Azoverbindungen bezw. Hydrazone und Formazylverbindungen eine solche nicht zu finden gewesen war. Der erste Beweis dieser Art schien in der Entdeckung von v. Pechmann zu liegen, dafs das p-Diazotoluol in alkalischer Lösung mit Benzolchlorid ein kristallinisches Reaktionsprodukt

[1]) Ber. **21**, 15 [1888].
[2]) Ber. **24**, 3255 [1891].
[3]) Ber. **24**, 2264 [1891].
[4]) Ber. **24**, 3264 [1891].
[5]) Ber. **26**, 472 [1893].

liefert, welches die Eigenschaften des Nitrosoacetanilids von O. Fischer[1]) besitzt, die Liebermannsche Reaktion gibt, beim Erhitzen verpufft, mit Zinkstaub und Eisessig p-Benztoluid liefert und daher das Nitrosamin des letzteren ist. Seine Entstehung war leicht zu erklären, wenn es nicht als Derivat des p-Diazotoluols $CH_3 \cdot C_6H_4 \cdot N = N \cdot OH$ nach bisheriger Auffassung, sondern als Benzoylnitroso-p-Toluidin

$$\begin{array}{l} CH_3 \cdot C_6H_4N \cdot NO \\ \qquad\qquad\quad | \\ \qquad\qquad\quad CO \\ \qquad\qquad\quad | \\ \qquad\qquad\quad C_6H_5 \end{array}$$

aufgefafst wurde.[2]) Fast gleichzeitig stellte Wohl[3]) ein Benzoylderivat des Diazobenzols selbst in alkalischer Lösung dar, welches er infolge seiner Reaktionen als Nitrosobenzanilid

$$\begin{array}{l} C_6H_5N \cdot N : O \\ \qquad\; | \\ \qquad\; CO \\ \qquad\; | \\ \qquad\; C_6H_5 \end{array}$$

---

[1]) Ber. **9**, 464 [1876].

[2]) v. Pechmann gab jedoch zu, dafs die Entstehung von Nitrosobenztoluid auch unter Zugrundelegung der alten Formel für Diazotoluol erklärt werden können, wenn man annehme, dafs sich das Benzoylchlorid an Diazotoluol addiere und dann Salzsäure abgespalten werde:

$$\begin{array}{lcl} CH_3 \cdot C_6H_4 \cdot \underset{\substack{| \\ CO \\ | \\ C_6H_5}}{N} - N\!\!\searrow\!\!\underset{Cl}{} - OH & \longrightarrow & CH_3 - C_6H_4 - \underset{\substack{| \\ CO \\ | \\ C_6H_5}}{N} - NO + HCl. \end{array}$$

[3]) Ber. **25**, 3631 [1892].

betrachtete. Schon früher war durch Curtius[1]) die Richtigkeit der Angaben von Griefs über die Zusammensetzung der Alkali- und Silbersalze des Diazobenzols angezweifelt worden. Wohl[1]) erhielt sodann (a. a. O.) durch Fällen einer alkoholischen Lösung von Diazobenzolkali mit Silbernitrat ein explosibles Silbersalz, das verschieden von dem von Griefs beschriebenen war. Es schien also hierdurch auch die Existenz von isomeren Metallsalzen des Diazobenzols angedeutet.

Diazobenzolsäure von Bamberger (1893).

Die Hypothese von der Tautomerie des Diazobenzols erhielt eine weitere Stütze durch die Entdeckung der Diazobenzolsäure von Bamberger.[2]) In der Absicht, die Frage der Constitution des Diazobenzols auf experimentellem Wege in Angriff zu nehmen, studierte dieser Forscher zunächst die Einwirkung von Oxdationsmitteln auf dasselbe und erhielt mittels Permanganat, oder Ferricyankalium in alkalischer Lösung neben geringen Mengen von Nitrosobenzol (C_6H_5NO), Azobenzol, Nitrobenzol und Diphenyl als Hauptprodukt eine Verbindung von der Zusammensetzung $C_6H_6N_2O_2$ in silberweifsen, bei 46° schmelzenden Blättchen, die sich in Alkalien lösen und

[1]) Ber. **23**, 3035 [1890]; vergl. dagegen Schraube und Schmidt Ber. **27**, 514 [1894].

[2]) Ber. **26**, 471 [1893]; Bamberger und Landsteiner Ber. **26**, 482 [1893].

durch Säuren wieder ausgefällt werden. Diese Substanz besitzt also die Eigenschaften einer Säure und bildet Salze mit Erd- und Schwermetallen. Die Diazobenzolsäure verpufft bei ca. 100° unter Bildung von Nitrosobenzol, Nitrophenolen, salpetriger Säure etc. und wird bei langsamem Erhitzen, oder durch Mineralsäuren in ein Gemisch von o und -p-Nitranilin umgelagert. Da diese Säure sich leicht unter Abspaltung von salpetriger Säure zersetzt, so liefert sie auch die Liebermannsche Reaktion. Beim Erhitzen mit Kali auf ca. 290° wird sie in Anilin und Salpetersäure bezw. salpetrige Säure zerlegt. Durch gemäſsigte Reduktion mit Zink und Essigsäure liefert sie Diazobenzol zurück; mit Natriumamalgam entsteht Phenylhydrazin.[1])

Hauptsächlich wegen ihrer Umwandlung in Nitraniline beim langsamen Erhitzen und Behandeln mit verdünnten Säuren, sowie infolge ihres Zerfalles in Anilin und Salpetersäure beim Schmelzen mit Kali betrachtete Bamberger die Diazobenzolsäure als das einfachste aromatische Nitramin, also als Phenylnitramin oder Salpetersäureanilid

$$C_6H_5 \cdot \underset{\diagdown H}{N} - NO_2.$$

Ihre Umlagerung in Nitranilin bildet nach Bamberger eines der vielen Beispiele intramolekularer

[1]) Ber. **27**, 365 [1894].

Atomwanderungen, deren Wesen in dem Austausche eines Kernwasserstoffatoms gegen einen Substituenten der Seitenkette besteht[1]):

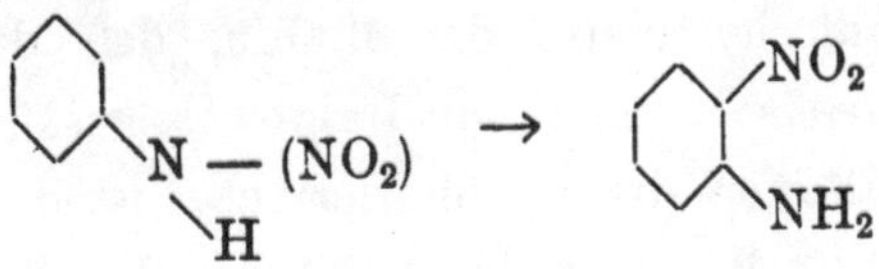

Diazobenzolsäure → o-Nitranilin.

Den Beweis für die Richtigkeit seiner Formel der Diazobenzolsäure suchte Bamberger zunächst durch Alkylierung zu führen. Der entstandene α-Methylester (Phenylmethylnitramin) gab bei der Reduktion as-Methylphenylhydrazin: $C_6H_5N \cdot CH_3 \cdot NH_2$. Diese Überführung der Diazobenzolsäure in das Phenylhydrazinderivat ist jedoch kein sicherer Beweis des Vorhandenseins einer Iminogruppe in derselben, und Bamberger weist mit Recht darauf hin, dafs bei derartigen Alkylierungen häufig Atomverschiebungen stattfinden. Dagegen erhielt er bei Behandlung der Diazobenzolsäure mit Chlorkalk ein chlorhaltiges Derivat, welches Chlor aus Salzsäure entbindet, mit aromatischen Basen die für Chlorimide charakteristischen Färbungen gibt und endlich sich noch

[1]) Vergl. auch die Umwandlung von Phenylhydrazin in p-Phenylendiamin durch Thiele, Ber. 28, 1538 [1895]; vergl. die ähnliche, allerdings unter Stickstoffentwicklung vor sich gehende Zersetzung von trockenem Diazobenzolnitrat beim Erhitzen in trockenem Toluol. Es bildet sich hierbei o-Nitrophenol. J. Remsen und Orndorff, Americ. chem. Journ. 9, 390 und 392.

leichter als Diazobenzosäure selbst umlagert, nämlich in p-Chloranilin. Diese Aufnahme von Chlor und die Eigenschaften des erhaltenen Produktes deuten wohl in einwandfreier Weise darauf hin, dafs die Diazobenzolsäure tatsächlich ein Iminowasserstoff enthält. Die Konstitution dieses Chlorderivates ist daher nach Bamberger höchst wahrscheinlich folgende:

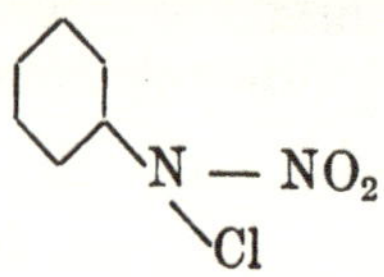
[1].

Während der α-Methylester der Diazobenzolsäure durch seine Beziehung zum Phenylmethylnitrosamin und as-Methylphenylhydrazin charakterisiert ist, erhielt Bamberger bei Behandlung ihres Silbersalzes mit Jodmethyl einen vom ersteren verschiedenen β-Äther, dem die Formel $C_6H_5N = NOOCH_3$ zukäme. Er ist ebenso wie die Sauerstoffester des Diazobenzols (vergl. Diazoester) sehr zersetzlich und es weist die Existenz zweier strukturisomerer Ester der Diazobenzolsäure darauf hin, dafs dieselbe eine tautomere

[1]) Ber. **27**, 361 [1894]. — Die für Diazobenzolsäure noch denkbare Formel $C_6H_5 \cdot N — OH$ (mit NO am N) verwirft Bamberger, da die Überführung derselben in Phenylhydroxylamin ($C_6H_5NH \cdot NOH$) nicht gelang. Auch die zur obigen tautomere Form $C_6H_5N = N \cdot OH$ (mit O am N) vertritt Bamberger nicht, hauptsächlich weil die Diazobenzolsäure ebenso wie die Nitramine von Franchimont, Ber. **32**, Res. 60, gegen Alkalien bei mittlerer Temperatur beständig ist.

Substanz ist. (Vergl. Hantzsch, Ber. **27**, 1730 [1894]). Die Bedeutung seiner Untersuchungen über die Diazobenzolsäure in Bezug auf die Frage der Constitution des Diazobenzols überschätzt Bamberger nicht und erwähnt, dafs sie keine Entscheidung zwischen der Oximido- und der Nitrosoform desselben zulassen, denn der Prozefs der Oxydation des Diazobenzols zu Diazobenzolsäure, sowie ihre Rückbildung zu ersterem könne zwar am einfachsten mittels der Nitrosoformel ausgedrückt werden,

$$C_6H_5NH \cdot N:O \leftrightarrows C_6H_5NH \cdot NO_2,$$

doch erlaube auch die ältere Formel des Diazobenzols diese Vorgänge in plausibler Weise darzustellen, wenn man z. B. bei der Oxydation des Diazobenzols zu Diazobenzolsäure die intermediäre Anlagerung von einem Molekül Wasser annehme:

$$C_6H_5N = NOH \leftrightarrows \underset{\substack{| \\ H}}{C_6H_5N} \cdot \underset{\substack{| \\ OH}}{N} \cdot OH \leftrightarrows \underset{\substack{| \\ H}}{C_6H_5N} \cdot NO_2.$$

Bamberger kommt somit auf Grund seiner Untersuchungen über Diazobenzolsäure zu dem Resultate, dafs das freie Diazobenzol eine tautomere Substanz sei, welche mit gleichem Rechte als $C_6H_5N = N \cdot OH$ und als $C_6H_5 \cdot NH \cdot NO$ formuliert werden könne.

Auf die Salze des Diazobenzols mit Mineralsäuren finde diese Betrachtung keine Anwendung, da in diesen die Ursache der Tautomerie, das bewegliche Wasserstoffatom bezw. Metallatom fehle: Ber. **26**, 495 [1895] Anm. (Vergl. die Konstitution der Diazosäuresalze S. 152.)[1])

In seiner Abhandlung: »Zur Konstitution der Diazobenzolsäure«[2]) weist Hantzsch besonders darauf hin, dafs den Alkalisalzen dieser Säure ebenso wenig die Formel $C_6H_5NMe \cdot NO_2$ zukommen könne wie den Isodiazobenzolsalzen die von Bamberger befürwortete analoge Formel (s. S. 63 und 94) und nimmt an, dafs die Diazobenzolsäure eine wahre Hydroxylverbindung sei und die Formel

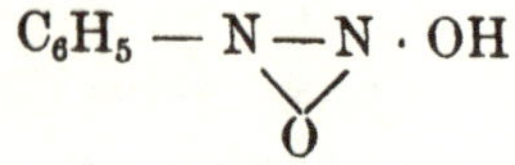

besitze, also Benzolazoxydrat sei.

Infolge der später zu erwähnenden Isolierung des Phenylnitrosamins (Isodiazobenzol) in freiem Zustande durch Hantzsch und die Erkennung desselben als Pseudosäure[3]) wurde jedoch eine Übereinstimmung in der Auffassung der Constitution der Diazobenzolsäure zwischen Bamberger und Hantzsch erzielt, so dafs zur Zeit ihre Formel

$$C_6H_5NH \cdot NO_2$$

Phenylnitramin

als feststehend gelten darf.

---

[1]) Über Diazonaphtalinsäure s. Ber. **27**, 680 [1894].

[2]) Ber. **27**, 1729 [1894].

[3]) S. S. 232.

Inzwischen hatte v. Pechmann[1]) seine Untersuchungen über die Acylierung des Diazobenzols in alkalischer Lösung fortgesetzt und auch mittels Essigsäureanhydrid acylierte Nitrosamine erhalten, welche sich als identisch mit den erwähnten von O. Fischer[2]) durch Nitrosierung des Acetanilids etc. erhaltenen Verbindungen erwiesen. v. Pechmann kam so zu dem Schlusse, dafs primäre aromatische Amine bei suczessiver Behandlung mit salpetriger Säure und Essigsäureanhydrid unabhängig von der Reihenfolge, in welcher die Anwendung dieser Reagentien erfolgt, identische Reaktionsprodukte liefern. Hieraus folge, dafs die hierbei entstehenden Zwischenprodukte, wie Diazobenzol und Acetanilid analoge Struktur besitzen, d. h. das freie Diazobenzol wahrscheinlich als Anilid der salpetrigen Säure zu betrachten sei. Für diese Affassung spreche auch die Tatsache, dafs beim Kochen einer verdünnten alkalischen Diazolösung neben der typischen Hauptreaktion eine Nebenreaktion unter Bildung von Alkalinitrat stattfindet. Als Beweis für die Richtigkeit seiner Ansichten durfte v. Pechmann die von ihm gefundene Tatsache anführen, dafs wirkliche Nitrosamine (Nitrosoanilide) unter geeigneten Bedingungen die Reaktionen einer alkalischen Diazolösung zeigen, d. h. unter Abspaltung des Säurerestes mit primären Aminen

[1]) Ber. 27, 651 [1894].
[2]) Ber. 10, 959 [1877].

Diazoamino-, mit Phenolen Oxyazoverbindungen liefern. Dafs v. Pechmann aus den erwähnten Tatsachen ebenso wie später Bamberger sowie Schraube und Schmidt den Schlufs zog, in den Alkalisalzen des Diazobenzols befinde sich das Metall am Stickstoff, darf bei dem damaligen Stande der Untersuchungen nicht überraschen.

Die Reihe der Tautomerieerscheinungen bei Diazobenzol schien die Tatsache zu vollenden, dafs der aus dem Natriumsalz des p-Nitrodiazobenzols von Schraube und Schmidt[1]) erhaltene Äther nach diesen Autoren ein Stickstoffäther, also $NO_2C_6H_4N \cdot CH_3 \cdot NO$ = p-Nitrophenylmethylnitrosamin ist, während v. Pechmann und Frobenius[2]) aus dem Silbersalze dieser Diazoverbindung einen echten Sauerstoffäther $(NO_2)C_6H_4 \cdot N{=}N \cdot OCH_3$) erhielten, was aus seiner Labilität hervorgeht, indem er beim Kochen mit verdünnten Säuren unter Stickstoffentwicklung und Bildung von p-Nitrophenol zerfällt, sowie schon beim Stehen mit Anilin die Diazoaminoverbindung liefert. Das Diazobenzol schliefst sich demnach nach v. Pechmann in Bezug auf die Bildung zweier verschiedener Äther anderen in tautomeren Formen reagierenden Verbindungen wie Cyanwasserstoff, Pyridon, Carbostyril etc. an, welche auch verschiedene Alkylderivate liefern, je nachdem

[1]) Ber. **27**, 514 [1894].

[2]) Ber. **27**, 672 [1894].

man von den Alkali- oder Silbersalzen derselben ausgeht.

Die im folgenden erwähnte Entdeckung von Schraube und Schmidt gab nun Veranlassung, dafs in der Folge die Hypothese von der Tautomerie des Diazobenzols zurückgedrängt und allmählich gegen die der Existenz zweier strukturisomerer Formen desselben vertauscht wurde.

Strukturisomerie bei Diazoverbindungen.

Diazobenzol—Isodiazobenzol. Bamberger 1894.

Im Jahre 1894 machten Schraube und Schmidt[1]) die Entdeckung, dafs eine wässerige Lösung von Paranitrodiazobenzolchlorid nach dem Eintragen in überschüssige verdünnte Natronlauge bei gewöhnlicher Temperatur, trotzdem dafs keine Stickstoffentwicklung hierbei auftritt, nicht mehr die Reaktionen einer Diazolösung zeigt. d. h. mit Phenolen nicht mehr Azofarbstoffe liefert.[2]) Das entstandene, auch in kristallisiertem Zustande isolierbare Salz hatte die Zusammensetzung eines Natriumsalzes des p-Nitrodiazobenzols, lieferte aber mit Jodmethyl das Nitrosamin des p-Nitromethylanilins und nicht einen Sauerstoffäther des p-Nitrodiazobenzols. Übersättigt man aber die Lösung dieses Natriumsalzes

---

[1]) Ber. 27, 514 [1894].

[2]) Über den diagnostischen Wert dieser Beobachtung vergl. das Kapitel: Kupplungsfähigkeit von Diazo- und Isodiazometallsalzen S. 204.

mit Mineralsäure, so zeigt sie wieder die Eigenschaften der ursprünglichen Diazolösung, d. h. sie kuppelt[1]) mit Phenolen. Verwendet man keinen Überschufs an Säure, so fällt das freie Nitrosamin kristallinisch aus. Dafs dieses nicht das normale p-Nitrodiazobenzol $(NO_2)\ C_6H_4N : N \cdot OK$ ist, geht nach Schraube und Schmidt daraus hervor, dafs es nach Auflösung in Natronlauge nicht kuppelt und bei Behandlung mit Mineralsäuren nur schwierig in das Diazosäuresalz zurückverwandelt wird.

Hieraus schlossen Schraube und Schmidt, dafs eine wässerige Lösung von p-Nitrodiazobenzolchlorid auf Zusatz von Alkali in Paranitrophenylnitrosaminnatrium $(NO_2)\ C_6H_4 \cdot N \cdot Na \cdot NO$ verwandelt wird und dafs die aus diesem erhaltene natriumfreie Verbindung p-Nitrophenylnitrosamin $(NO_2)\ C_6H_4 \cdot NH \cdot N : N$ sei. Es schien also hier die Diazoform mit grofser Leichtigkeit in die Nitrosaminform durch Alkali überzugehen und es lag nahe, das diesbezügliche Verhalten des Diazobenzols selbst zu studieren. Man erwartete, dafs das Diazobenzolkalium sich ebenfalls als Nitrosaminsalz erweisen würde. Dies ist jedoch nicht der Fall. Das nach Griefs dargestellte Diazobenzolkalium gibt nämlich ganz ebenso wie Diazobenzolchlorid mit alkalischen Phenolen sofort Farbstoffe;

[1]) Eine von Bamberger eingeführte Bezeichnung für die Eigenschaft wahrer Diazolösungen mit Phenolen oder auch Aminen Azofarbstoffe zu liefern.

es besitzt also den Charakter einer echten Diazoverbindung.

Erhitzt man es dagegen nach Schraube und Schmidt mit der conzentrierten Lauge, aus welcher es bei der Darstellung ausfällt, über Wasserbadtemperatur, so vollzieht sich langsam eine Veränderung, die sich dadurch anzeigt, dafs die Intensität der Farbstoffbildung mit Phenolen allmählich abnimmt und schliefslich ganz aufhört. Erhöht man die Temperatur rasch auf 130—140°, so ist das Ziel in wenigen Minuten erreicht. Die abgeschiedenen Kristalle dieses Kalisalzes lieferten mit Jodmethyl in glatter Reaktion das Nitrosamin des Monomethylanilins

$$\underset{CH_3}{C_6H_5N} \cdot NO.$$

Schraube und Schmidt hielten sich daher für berechtigt, diesem Satze die Formel $C_6H_5NK \cdot NO$ beizulegen und es das Kaliumsalz des Phenylnitrosamins zu nennen. Die Resultate ihrer gesamten Beobachtungen fafsten sie in folgenden Sätzen zusammen:

1. Die Alkalisalze des Diazobenzols sind sowohl in der Form des Diazometallsalzes $C_6H_5N = N \cdot OMe$, als auch in der Nitrosaminform $C_6H_5NMe \cdot NO$ beständig. 2. Das freie Phenylnitrosamin $C_6H_5NH \cdot NO$ scheint nicht zu existieren[1]), da eine Lösung seines nicht kuppelnden Natronsalzes mit Essigsäure übersättigt, sofort Farbstoff liefert. 3. Das p-Nitrodiazobenzol

[1]) Vergl. dagegen S. 232.

scheint nur in der Nitrosaminform vorzukommen und als Alkalisalz in Oximform nicht zu existieren.

Die Bedeutung der zitierten Arbeit von Schraube und Schmidt liegt weniger in der Art der Erklärung der gefundenen Tatsachen als vielmehr darin, dafs sie zum ersten Male die Existenz zweier in den Reaktionen verschiedener Alkalisalze des Diazobenzols dartat.

Eines positiven Resultates dieser Untersuchungen mufs noch Erwähnung getan werden. Mit vollem Rechte ziehen Schraube und Schmidt aus der Tatsache, dafs Diazobenzolkalium erst beim Erhitzen mit konzentrierter Kalilauge über 100° in das keine Diazoreaktionen mehr gebende sogenannte Phenylnitrosaminkalium übergeht, den Schlufs, dafs bei der Bildung auch derjenigen sogenannten gemischten Azoverbindungen, welche als Hydrazone erkannt wurden, sowie bei jener der Formazylkörper in alkalischer Lösung das Diazobenzol nicht a priori in einer isomeren Form, sondern nur als normales Diazobenzolsalz $C_6H_5N = N \cdot OMe$ reagieren kann.

Über die Kritik, welche die Nitrosaminmetallsalzformel von Schraube und Schmidt durch Hantzsch erfuhr und die weitere Entwicklung der Frage der Constitution des freien Diazobenzols und seiner Metallsalze (Diazotate) (s. S. 109, 213 und 226).

Die Untersuchungen von Pechmann, Bamberger und nicht zum wenigsten die von Schraube und

Schmidt, bereiteten eine Ansicht über die Natur des Diazobenzols vor, welcher zum ersten Male und in präziser Form Bamberger im Frühjahre 1894 Ausdruck gab in einer Abhandlung: »Uber Isomerieerscheinungen bei Diazoverbindungen«.[1])

Schon früher als Schraube und Schmidt ihre Untersuchungen anstellten, hatte nämlich Bamberger zunächst die Beobachtung gemacht, dafs die Beständigkeit freier Diazoverbindungen in der Naphthalinreihe wesentlich gröfser ist, als in der Benzolreihe.[2]) Es gelang daher, einige der ersteren in freiem Zustande, oder in Form ihrer Alkalisalze zu isolieren und zu charakterisieren. Bamberger erhielt so u. a. aus β-Naphtylamin eine kristallisierte Diazoverbindung, welche mit Phenolen in alkalischer Lösung nicht kuppelte, dagegen nach dem Ansäuern mit Mineralsäuren Farbstoff lieferte. Diese Diazoverbindung zeigte also nach damaliger Auffassung die Reaktionen eines Nitrosamins. Bald darauf fand Bamberger auch eine Diazoverbindung des α-Naphtylamins, welche sich gegen Phenole ebenso verhielt wie die vorige. Aus diesen und den von Schraube und Schmidt bei p-Nitrodiazobenzol gemachten Beobachtungen geht der Erfahrungssatz hervor, dafs

---

[1]) Ber. 27, 679 [1894].

[2]) Bekanntlich fand schon Griefs, dafs die Beständigkeit der Benzoldiazoverbindungen durch negative Substituenten günstig beeinflufst wird.

diese neuen keine Diazoreaktion[1]) zeigenden Formen durch Mineralsäuren in wahre Diazosäuresalze übergehen, dafs also die Tautomerie bezw. Isomerie dieser Verbindungen verschwindet, sobald man sie in die Salze mit Mineralsäuren verwandelt. Im vorliegenden Falle hatte Bamberger allerdings gezeigt, dafs sowohl vom α- als vom β-Naphtylamin beide Diazoformen, — wenn auch die kuppelnden nur als Säuresalze — existieren und beliebig in einander übergeführt werden können. Hierbei wurde jedoch übersehen, dafs Diazonaphtaline im freien Zustande und ihre Salze mit Säuren keine direkt vergleichbaren Objekte sind. Inzwischen fand Bamberger, dafs auch p-Diazosulfanilsäure in alkalischer Lösung in eine nicht kuppelnde Form übergeht, die beim Ansäuern in die farbstoffgebende zurückverwandelt wird[2]) und ferner, dafs aus dem Diazoderivate des β-Naphtylamins durch Oxydation Diazonaphtalinsäure[3]) entsteht, sowie, dafs auch die Diazobenzolsäure sich leichter aus dem Phenylnitrosaminkalium darstellen läfst[4]), als aus Diazobenzolkalium. Nach diesen

[1]) Nach späteren Erfahrungen kuppeln auch Isodiazoverbindungen, wenn auch langsamer als normale, vergl. S. 204.

[2]) Siehe die stereoisomeren Salze der Diazosulfanilsäure von Hantzsch S. 214.

[3]) Ber. **27.** 914 [1894].

[4]) Der Grund hierfür ist lediglich die gröfsere Beständigkeit dieses Salzes gegenüber der des normalen Salzes.

Erfahrungen trug er kein Bedenken mehr, die eigene ursprüngliche Auffassung sowie jene von Pechmann verlassend, den Schlufs zu ziehen, dafs das Phenylnitrosamin bezw. seine Alkalisalze mit dem Diazobenzol nicht nur tautomer sei, sondern als strukturisomere Form desselben eine selbständige Existenz führe. Ein gleiches gilt für die Naphtalinreihe. Diese isomeren Formen bezeichnete Bamberger mit folgenden Namen und Formeln:

Isodiazobenzol	Isodiazonaphtalin
$C_6H_5N \cdot H \cdot N : O$	$C_{10}H_7N \cdot H \cdot N : O$
(früher:	(früher:
Phenylnitrosamin)	Naphtylnitrosamin).

Diesen gegenüber stehen die wahren (kuppelnden) Diazoverbindungen:

Diazobenzol	Diazonaphtalin
$C_6H_5N = N \cdot OH$	$C_{10}H_7 \cdot N = N \cdot OH$.

Inzwischen hatte Bamberger durch Alkylierung von α- und β-Isodiazonaphtalin α- und β-Naphtylmethylnitrosamin, d. i. wahre Nitrosoverbindungen erhalten, welche die Liebermannsche Reaktion geben und auch die Frage aufgeworfen, ob die acylierten Nitrosomine

$$\begin{array}{c} C_6H_5 \cdot N \cdot NO \\ | \\ CO \\ | \\ R \end{array}$$

sich in Isodiazoverbindungen zurückverwandeln liefsen. Es ist sehr beachtenswert, dafs dieses nicht der Fall ist: Die Verseifungsprodukte der acylierten Nitrosamine mittels Alkalien sind wahre kuppelnde Diazoverbindungen. Da aber anderseits die acylierten Nitrosamine nach v. Pechmann, wie schon hervorgehoben, mit Aminen und Phenolen unter Abspaltung des Acylrestes Diazoamino- bezw. Oxyazoverbindungen liefern, so mufste für diese Verbindungen neben der Nitrosaminformel auch die sie als echte Diazotate charakterisierende Formel

$$C_6H_5 - N = N \cdot O \cdot CO \cdot R$$

erwogen werden. In einer weiteren Abhandlung erwähnt Bamberger[1]), dafs anderseits die alkylierten Nitrosamine durch Entalkylierung mittels schmelzender Alkalien in Isodiazoverbindungen übergehen, eine Erscheinung, welche seit Bekanntwerden der Versuche von Schraube und Schmidt als normal bezeichnet werden mufs.

Theorie des Diazotierungsprozesses nach Bamberger.[2])

Das Studium der im vorigen Abschnitte erwähnten Diazo- und Isodiazoverbindungen im Zusammenhange mit den Untersuchungen über Diazobenzolsäure führte Bamberger zu folgenden theoretischen Schlüssen: Die Eigenschaften der Diazobenzolsäure, besonders ihre

[1]) Ber. **27**, 1179 [1894].
[2]) Ber. **27**, 1948 [1894].

Umlagerung zu Nitranilin, veranlassen zu der Verallgemeinerung, dafs bei der Nitrierung von primären aromatischen Aminen die Substitution der Nitrogruppe für Wasserstoff zunächst in der Seitenkette erfolge und so zuerst das Nitramin, die Diazobenzolsäure $C_6H_5NH \cdot NO_2$ entstehe. Erst in zweiter Phase werde sodann durch die umlagernde Wirkung der vorhandenen Mineralsäure die Wanderung der Nitrogruppe in den Kern bewirkt. Diese Annahme wurde dadurch gestützt, dafs Bamberger bei der Nitrierung von Anilin mit Salpetersäureanhydrid in der Tat neben anderen Produkten auch Diazobenzolsäure erhielt. Er übertrug nun diese Verhältnisse auf den Diazotierungsprozefs. Nachdem er nämlich durch die Entdeckung der sogenannten Isodiazoverbindungen zur Ansicht gelangt war, dafs die Reaktion der salpetrigen Säure sowohl auf primäre als auf sekundäre Amine im gleichen Sinne verläuft:

$$\begin{matrix} R \\ R_1 \end{matrix}\!\!\Big\rangle NH \xrightarrow{N_2O_3} \begin{matrix} R \\ R_1 \end{matrix}\!\!\Big\rangle N \cdot NO$$

und

$$R \cdot N \cdot H_2 \xrightarrow{N_2O_3} R - N \cdot H \cdot NO,$$

mufste er auch annehmen, dafs die Vorgänge der Nitrierung und Diazotierung im Anfangsstadium analog verlaufen, wie im folgenden Bilde ausgedrückt ist:

	in der ersten Phase	
Nitrierung		$C_6H_5NH_2 \xrightarrow{N_2O_5} C_6H_5NH \cdot NO_2$
Diazotierung		$C_6H_5NH_2 \xrightarrow{N_2O_3} C_6H_5 \cdot NH \cdot NO.$

Es erscheint also hiernach bei der Diazotierung nicht das Diazobenzol, in der Oximidoform $C_6H_5N = NOH$, sondern das Isodiazobenzol oder Nitrosoanilin $C_6H_5NH \cdot N \cdot O$ als das primäre Reaktionsprodukt und ersteres wäre dann das Umlagerungsprodukt des letzteren.[1]) Waren diese Voraussetzungen richtig, so mufsten sich Isodiazoverbindungen in ausgedehnterem Mafse finden lassen, als es seither der Fall war. In der Tat konnte Bamberger, indem er bei den betreffenden Versuchen Wasser und Anwesenheit von überschüssiger Mineralsäure möglichst ausschlofs und so die Bedingungen zur Umlagerung der primären Produkte auf ein Minimum reduzierte, aus 13 meist negativ substituierten primären Aminen neben den wahren Diazoverbindungen die Isodiazoverbindungen erhalten und zum gröfsten Teile im freien Zustande oder in Form ihrer Alkalisalze isolieren. Bei dieser Gelegenheit fand sich übrigens die schon erwähnte Ansicht, dafs die Beständigkeit der Diazo- bezw. hier Isodiazoverbindungen, eine Funktion der negativen Substituenten im Kerne ist, vollauf bestätigt.

Die erwähnten Ansichten Bambergers lassen sich in folgenden Sätzen zusammenfassen:

I. Bei der Behandlung primärer aromatischer Amine mit salpetriger Säure erhält

---

[1]) Umlagerung von Isodiazobenzol in p-Nitrosoanilin analog der Umlagerung der Diazobenzolsäure in Nitranilin konnte Bamberger auf experimentellem Wege nicht erreichen.

man zwei Reihen strukturisomerer Produkte:

1. Isodiazobenzol $C_6H_5NH \cdot NO$ (Nitrosaminform).

2. Diazobenzol $C_6H_5N = N \cdot OH$ (Oximidoform).

Ersteres ist das primäre Reaktionsprodukt.

II. Beide bilden mit Alkalien Salze:

$C_6H_5NK \cdot NO$	$C_6H_5N = N \cdot OK$
Isodiazobenzolkalium	Diazobenzolkalium.

III. a) Diazobenzol bezw. seine Alkalisalze (und Salze mit Mineralsäuren) geben mit Phenolen Azofarbstoffe (sie kuppeln).

b) Isodiazobenzol und seine Alkalisalze kuppeln nicht.

IV. Isodiazobenzol und seine Alkalisalze werden durch überschüssige Mineralsäure in die kuppelnden Salze des Diazobenzols mit Mineralsäuren zurückverwandelt.

Über die Beschränkungen, welche diese Sätze im Laufe der Zeit erlitten, vergl. das nächste Kapitel, sowie S. 204, 213 und 226.

Um die Mitte des Jahres 1894 trat in den Ansichten über die Ursachen der Isomerien bei Diazoverbindungen durch das Auftreten von A. Hantzsch eine Wendung ein, welche einen neuen Abschnitt in der Geschichte dieser Körperklasse einleitete, nämlich jenen der

Stereoisomerie[1]) der Diazoverbindungen von Hantzsch 1894.

Als die Hypothese von der Strukturisomerie bei Diazoverbindungen die geschilderte Entwicklung genommen hatte, stellte Hantzsch, einer der berufensten Vertreter der durch Wislicenus ins Leben gerufenen neueren Stereochemie, oder geometrischen Isomerie bei ungesättigten Kohlenstoffverbindungen auf Grund seiner bei den isomeren Oximen gemachten Erfahrungen eine neue Hypothese über die Natur der Isomerie bei Diazoverbindungen auf. Hantzsch hatte im Verein mit A. Werner den ideellen Zusammenhang der Isomerie der Kohlenstoffdoppelbindung enthaltenden Äthylenderivate mit jener der Oxime, welche sich durch Doppelbindung zwischen Kohlenstoff und Stickstoff auszeichnen, geschaffen und so die Stereochemie der letzteren Körperklasse begründet. Nunmehr wandte er, wie wir sehen werden, den dort verfolgten Gedankengang auch zur Erklärung der Isomerie der Stickstoffdoppelbindung enthaltenden Diazoverbindungen an.

Im folgenden ist das wichtigste aus der betreffenden Hauptabhandlung von Hantzsch[2]) möglichst

---

[1]) Der von Bamberger für diese Art von Isomerie gebrauchte Name »Stereomerie« ist zwar kürzer als obiger aber sprachlich weniger empfehlenswert als dieser.

[2]) Über Stereoisomerie bei Diazoverbindungen und die Natur der »Isodiazokörper«. Ber. 27, 1702—1725 [1894].

wortgetreu wiedergegeben. Erklärungen sind nur dort eingeschaltet, wo es im Interesse eines weiteren Leserkreises geboten erschien.

Zunächst führt Hantzsch folgendes aus: Durch die Versuche von Schraube und Schmidt bezw. Bamberger sei, wie dies auch v. Pechmann und Bamberger anfangs annahmen, nur die Tautomerie der Isodiazoverbindungen, nicht aber ihre Strukturverschiedenheit mit den gewöhnlichen Diazoverbindungen bewiesen, d. h. es sei nur gezeigt worden, dafs die sogenannten Isodiazoverbindungen in Form ihrer Hydrate mit der Gruppe $-N=N-OH$ ähnlich wie die Oxime mit der Gruppe $>C=N-OH$ im Sinne zweier Atomgruppierungen $-N=N\cdot OH$ und $-NH\cdot NO$ zu reagieren vermögen. Die Nitrosaminformel der Isodiazokörper habe daher nur die Bedeutung einer »Nebenform«, die bei einigen, aber durchaus nicht allen Reaktionen der Isodiazokörper vorübergehend angenommen werden könne. Die Tatsache jedoch, dafs Schraube und Schmidt zwei in den Reaktionen ganz verschiedene Metallsalze des Diazobenzols gefunden haben, lasse sich auf eine andere Weise erklären. Nach Hantzsch können, wie erwähnt, die geometrisch isomeren Kohlenstoffverbindungen mit der Gruppe $>C=C<$ mit den geometrisch isomeren Kohlenstoffstickstoffverbindungen (Oximen) in eine Reihe gebracht werden, da bei letzteren nachgewiesenermafsen Äquivalenz, d. h.

formelle Substituierbarkeit der Methingruppe $(CH)''''$ durch den dreiwertigen Stickstoff vorhanden ist. Derselben Reihe würden sich nun auch isomere Verbindungen mit Doppelbindung zwischen zwei Stickstoffatomen anfügen lassen, wenn die formelle Substituierbarkeit auch der zweiten Methingruppe durch Stickstoff angenommen werden darf, wenn also die gleichartigen Bindungen:

$$>C=C<, \quad >C=N- \quad \text{und} \quad -N=N-$$

gleichartige Eigenschaften der betreffenden Körperklassen bedingen.[1]) Das Wesen dieser Art von Isomerie liegt nämlich vorzugsweise in dem Vorhandensein von Doppelbindung zwischen zwei benachbarten Elementen in denselben und weniger in der Natur dieser Elemente selbst begründet. Man durfte sonach die Existenz nicht nur stereoisomerer Kohlenstoff- und Kohlenstoffstickstoff-, sondern auch ebensolcher Stickstoffverbindungen, d. h. stereoisomerer Diazoverbindungen annehmen. Die so erhältlichen drei Reihen stellt Hantzsch also zusammen:

I. Geometrisch-isomere Kohlenstoffverbindungen:

Allgemeinste Strukturformel: $R_1R_2 \cdot C = CR_3R_4$
Einfachste » $R \cdot HC = CHR$.

[1]) Dafs z. B. Kohlenstoffdoppelbindung ähnliche Erscheinungen bei kettenförmigen und cyclischen Verbindungen hervorruft, beweist die neueste Entwicklung der Benzoltheorie in überzeugender Weise.

Hier bestehen die geometrisch isomeren Formen:

$$\begin{array}{ccc} \begin{array}{c} R \cdot C \cdot H \\ \| \\ R \cdot C \cdot H \end{array} & \text{und} & \begin{array}{c} R \cdot C \cdot H \\ \| \\ H \cdot C \cdot R \end{array} \\ \text{Cis-Reihe} & & \text{Trans-Reihe.} \end{array}$$

Repräsentanten dieser Reihe sind Fumar- und Maleïnsäure.

Einmalige Substitution von CH durch N würde geben:

II. Geometrisch-isomere Kohlenstoffstickstoffverbindungen:

Allgemeinste Form: $R_1R_2 \cdot C = NR_3$

Einfachste » $R \cdot H \cdot C = N \cdot R$.

Hier bestehen die geometrisch-isomeren Formen:

$$\begin{array}{ccc} \begin{array}{c} R \cdot C \cdot H \\ \| \\ R \cdot N \end{array} & \text{und} & \begin{array}{c} R \cdot C \cdot H \\ \| \\ N \cdot R \end{array} \\ \text{Syn-Reihe} & & \text{Anti-Reihe.}^{1)} \end{array}$$

Repräsentanten dieser Reihe sind: 1. die geometrisch-isomeren Oxime von der Strukturformel $R_1R_2 \cdot C = N \cdot OH$.

---

1) Vergl. A. Hantzsch und A. Werner, Über die räumliche Anordnung der Atome in stickstoffhaltigen Molekülen. Ber. **23**, 11 [1890].

2. Die geometrisch-isomeren Hydrazone $R_1R_2 \cdot C = N \cdot NH \cdot C_6H_5$.[1])

3. Die geometrisch-isomeren Anilverbindungen $R_1 \cdot R_2 \cdot C = N - C_6H_5$.[2]) Während die Stereoisomerie der Oxime durch Hantzsch und Werner zweifellos erwiesen und auch eine Anzahl von stereoisomeren Hydrazonen bekannt ist, scheint diese Art von Isomerie bei Anilen noch unsicher und es sind erst in jüngster Zeit zwei Fälle derselben bekannt worden. Wenn auch hierdurch ausgedrückt ist, daſs der Charakter der an der Doppelbindung sitzenden Gruppen diese Isomerie in günstigem und ungünstigem Sinne zu beeinfluſsen vermag, so gibt doch die Tatsache, daſs diese Isomerie sich von den Äthylenverbindungen über die Oxime bis zu den Hydrazonen bezw. sogar Anilen

[1]) Bei Hydrazonen ist Stereoisomerie schon seit längerer Zeit bekannt; vergl. V. Meyer, Ber. **22**, 319 [1889]; Fehrlin, Ber. **23**, 1574 [1890]; A. Krause, Ber. **23**, 3617 [1890]; A. Hantzsch, Über zwei isomere Hydrazone der o-Nitrophenylglyoxylsäure, Ber. **24**, 3525 [1891]; Overton, Ber. **26**, 18 [1893]; Über zwei isomere Hydrazone des Anisylphenylketons; ferner J. Thiele, Über zwei isomere Benzalphenylhydrazone, Ber. **31**, 1249 [1898]; J. Simon, Über zwei isomere Hydrazone des Brenztraubensäureäthylesters; Compt. rend. **131**, 682 und endlich Busch, Über Stereoisomerie bei Hydrazonen der Ditbiokohlensäureester, Ber. **34**, 1119 [1901].

[2]) Bei Anilen ist Stereoisomerie bisher nur in zwei Fällen von Hantzsch, Ber. **34**, 882, 841 [1901], beobachtet worden. Daſs die beiden stereoisomeren sekundären Stickstoffbasen aus Acetaldehyd und Anilin, die sogenannten Äthylidenaniline (vergl. v. Miller und Plöchl, Ber. **27**, 1299 [1894] keine Anilverbindungen sind, sondern dem Äthylentypus angehören, wurde von A. Eibner, Ann. **318**, 58 [1901], gezeigt.

verfolgen läfst, Hantzsch das Recht, seinen Analogieschlufs bis zu den Diazoverbindungen fortzusetzen. Ersetzt man also in den Oximen etc. die noch vorhandene (CH)-gruppe ebenfalls durch Stickstoff, so gelangt man zu den

III. Geometrisch-isomeren Stickstoffverbindungen:

Allgemeinste Strukturformel: $R_1 \cdot N = N \cdot R_2$

Einfachste » $R \cdot N = N \cdot R$.

Hier lassen sich also analog den obigen Reihen ebenfalls zwei geometrisch-isomere Formen aufstellen, nämlich:

$$\begin{matrix} R \cdot N \\ \| \\ R \cdot N \end{matrix} \quad \text{und} \quad \begin{matrix} R \cdot N \\ \| \\ N \cdot R. \end{matrix}$$

Syn-Reihe   Anti-Reihe.

In diese Reihe würden einzustellen sein:

1. Die geometrisch-isomeren Diazoverbindungen von der Formel: $R \cdot N = N \cdot X$;
2. eventuell noch aufzufindende isomere Azoverbindungen[1]): $R \cdot N = N \cdot R$.

---

[1]) Stereoisomere wahre Azoverbindungen im Sinne der älteren Auffassung, d. h. solche mit zu beiden Seiten der Stickstoffgruppe befindlichen Phenylen sind allerdings und zwar wahrscheinlich infolge des gleichen chemischen Charakters dieser Gruppen noch ncht aufgefunden, könnten aber durch Hervorbringen von Gegensätzen in denselben erhalten werden. Dagegen könnten sogenannte gemischte Azoverbindungen sehr wohl in stereoisomeren Formen auftreten (vergl. übrigens Kjellin, Ber. **30**, 1965 [1897]); bei den Diazocyaniden $C_6H_5N = N \cdot C : N$, welche zu den gemischten Azoverbindungen zu rechnen sind, ist, wie später gezeigt wird, Stereoisomerie durch Hantzsch tatsächlich nachgewiesen.

Es bestehe sonach, so fährt Hantzsch fort, in der Tat eine weitgehende Analogie zwischen den Oximen und den Diazoverbindungen und zwar zunächst formeller Art in Bezug auf die vorhandenen Doppelbindungen. Sie trete am deutlichsten hervor, wenn man die Oxime mit den freien Diazohydraten vergleiche. Letztere erscheinen nämlich sodann als Oxime, in welchen für die $(CH)'''$-gruppe Stickstoff $(N)'''$ substituiert ist:

Strukturformel der Aldoxime: $R \cdot (CH) = N \cdot OH$

» » Diazohydrate: $R (N) = N \cdot OH$.

Diese Parallele zwischen Oximen und Diazohydraten sei aber nicht nur formeller, sondern auch historischer Art und gehe aus einem Überblicke über die Entwicklungsgeschichte beider scheinbar so verschiedener Körperklassen auf das deutlichste hervor.

Hantzsch gibt nun, indem er obiges ausführt, zunächst eine kurze Geschichte der Chemie der Oxime und der Isomerieerscheinungen bei denselben. Sie enthält im wesentlichen folgendes:

Zur Erklärung der Isomerie bei Oximen habe man folgende drei Strukturformeln aufgestellt:

1. Echte Oximidoverbindungen $R_1R_2 = C = N \cdot OH$ mit Bindung zwischen H und O.

2. Sogenannte Isoxime: 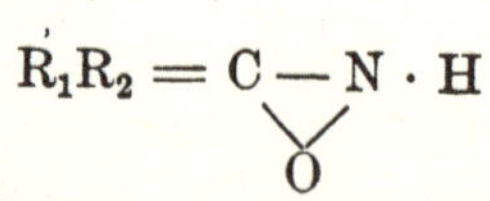

mit Bindung zwischen H und N.

3. Echte Nitrosoverbindungen $R_1R_2 \cdot C \cdot H \cdot N : O$ mit Bindung zwischen H und C.

Die erste Formel ist gegenwärtig unbestritten; Formel 3 nur vorübergehend diskutiert worden; die zweite dagegen stellt die von Goldschmidt aufgestellte Strukturformel für die isomeren Oxime dar. Auch sie ist jetzt beseitigt und die Stereoisomerie der Oxime nach langem Streite anerkannt.

Um die historische Parallele zwischen diesen und den Diazoverbindungen ziehen zu können, gibt Hantzsch nun zunächst eine kurze Darstellung des erwähnten Streites um die Struktur- bezw. Stereoisomerie der Oxime und führt etwa folgendes aus:

Die zwei isomeren Benzaldoxime von Beckmann[1]) wurden anfangs vom Entdecker für strukturverschieden gehalten. Das gewöhnliche stabile Oxim sollte demnach die Formel $C_6H_5CH = N \cdot OH$, das neue labile aber die Formel:

$$\begin{array}{c} C_6H_5CH \cdot N \cdot H \\ \diagdown\diagup \\ O \end{array}$$

besitzen und zwar deshalb, weil es bei der Alkylierung einen echten Stickstoffäther bildete, dem die Formel:

$$\begin{array}{c} C_6H_5CH \cdot N \cdot R \\ \diagdown\diagup \\ O \end{array}$$

gegeben wurde; doch erwies sich der Schlufs, dafs das Wasserstoffatom im Isoxim sich deshalb am

---

[1]) Ber. **22**, 429, 516, 1513, 1591 [1890].

Stickstoff befinden müsse, weil es einen wahren Stickstoffäther liefere, als irrtümlich. Da aber bald darauf *Goldschmidt*[1]) fand, dafs dieselben Isoxime, welche als Alkalisalze Stickstoffäther bilden, in Form ihrer Silbersalze alkyliert der Hauptsache nach *echte Sauerstoffäther* $C_6H_5CH = N \cdot OR$ liefern und in der Folge es sich zeigte, dafs fast alle Isoxime *je nach der Natur des eingeführten Metalles entweder Sauerstoff- oder Stickstoffäther*, manchmal sogar beide nebeneinander liefern, so sei es unzuläfsig, die Alkylierungsmethode zur Konstitutionsbestimmung in dem Sinne zu verwenden, um aus der Stellung des eingeführten Alkyles auf jene des ursprünglich vorhandenen Wasserstoffes zu schliefsen. Da das Alkyl bei ein und demselben Isoxim, je nachdem man als Ausgangsmaterial das Alkali- oder das Silbersalz wählt, entweder an den Sauerstoff oder an den Stickstoff tritt, so sei man nur berechtigt zu schliefsen, das betreffende Oxim verhalte sich bei der Alkylierung im Sinne der beiden Formeln:

$$C_6H_5 \cdot CH = N \cdot OH \quad \text{bezw.} \quad C_6H_5 \cdot \underbrace{CH \cdot NH}_{O}$$

d. h. es sei unter den herrschenden Reaktionsbedingungen eine *tautomere Substanz.*

Nun wurde aber ferner gefunden, dafs aus den gewöhnlichen Oximen und aus den Isoximen zwei

[1]) Ber. **22**, 3113 [1890].

voneinander im physikalischen Verhalten verschiedene Sauerstoffäther und zwei ebensolche isomere Acetate erhalten werden können, welche beide Paare den analogen Strukturformeln:

$C_6H_5CH = N \cdot OR$ (die beiden isomeren Sauerstoffäther) und $C_6H_5CH = N \cdot O \cdot CO \cdot CH_3$ (die beiden isomeren Acetate)

entsprechen. Da aber in diesen beiden Fällen, so schliefst Hantzsch weiter, das bewegliche Wasserstoff- bezw. Metallatom*)

$$C_6H_5CH = N - OH\,^*),$$

welches die Tautomerie der Derivate verursachen könnte, gar nicht vorhanden, sondern durch ein unbewegliches nicht als Jon abdissociierbares Alkyl bezw. Acyl ersetzt ist, so entfällt bei diesen Isomerien die Möglichkeit von Strukturisomerie und es können daher diese isomeren Sauerstoffäther bezw. Acetate der Oxime nur geometrisch isomer sein.

Es ist noch anzufügen, dafs Hantzsch ferner darauf hinweist, wie die Tautomerie der Oxime dann verschwindet, wenn bei den Reaktionsbedingungen das umlagernd wirkende Wasser ausgeschlossen wird durch Anwendung von wasserzerstörenden Mitteln wie Essigsäureanhydrid (Hantzsch) oder Phenylisocyanat (Goldschmidt). In solchen Fällen reagieren die Isoxime einheitlich und zwar als Hydroxylderivate.

Hiermit ist nach Hantzsch bewiesen, daſs auch die Isoxime die Struktur $> C = N \cdot OH$ besitzen, daſs die tautomere Nebenform:

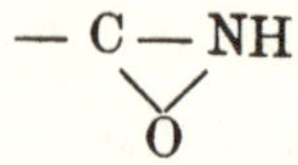

nur bei gewissen nicht unter absolutem Ausschluſs von Wasser stattfindenden Reaktionen in Derivaten auftritt und endlich, daſs Verbindungen von der Form:

$$C_6H_5CH = N \cdot OH$$

also Oxime wirklich in zwei stereoisomeren Formen auftreten.

Zu den Diazoverbindungen übergehend, teilt Hantzsch zunächst die zu beantwortenden Fragen in folgende Abschnitte:

I. Kritik und Widerlegung der angeblichen Beweise für die Natur der Isodiazoverbindungen als Nitrosamine.

II. Beweise für die Strukturidentität der Diazo- und Isodiazoverbindungen.

III. Stereoisomerie und Configurationsbestimmung von Diazo- und Isodiazoverbindungen.

IV. Allgemeine Stereochemie der Diazoverbindungen.

In der Einleitung zum Abschnitt I weist Hantzsch darauf hin, daſs die seitherige Entwicklung der Frage der Existenz isomerer Diazoverbindungen einen ganz analogen Verlauf zu nehmen scheine, wie die der Chemie der Oxime und Isoxime und es verspreche daher, wie schon angedeutet, die Parallele zwischen beiden Arten von Verbindungen in der Tat auch eine historische zu werden. Zunächst die formelle Parallele zwischen Oximen und Diazoverbindungen ausführend, erwähnt Hantzsch, man könne auch letztere analog den Oximen in drei Formen auftretend denken, nämlich als:

1. echte Diazoverbindungen $R \cdot N = N \cdot OH$ den echten Oximen $R \cdot CH = N \cdot OH$ vergleichbar:

2. als Verbindungen von der Form $R \cdot \underset{\diagdown O \diagup}{N - N} \cdot H$

den sogenannten Isoximen $R \cdot \underset{\diagdown O \diagup}{CH - NH}$ vergleichbar;

3. Als Verbindungen von der Form $R \cdot NH \cdot N : O$, d. i. mit Bindung zwischen Wasserstoff und dem ersten Stickstoffe, also den echten Nitrosoverbindungen $R \cdot CH_2 \cdot N : O$ vergleichbar. Es sind dies die Nitrosamine oder sogenannten Isodiazoverbindungen von v. Pechmann, Bamberger, sowie Schraube und Schmidt.

Das allgemeine Verhalten der Diazoverbindungen entspreche der Formel 1. Die 2. komme ebensowenig in Betracht, wie die entsprechende Oximformel. In neuerer Zeit sei durch die Arbeiten von V. Meyer,

v. Pechmann, Bamberger, Schraube und Schmidt die Nitrosaminformel 3 in den Vordergrund getreten und zwar auf Grund der folgenden bereits bekannten Tatsachen, welche, um die erwähnte Parallele anschaulich zu machen, hier nochmals zu erwähnen sind: v. Pechmann fand, dafs Diazoverbindungen in alkalischer Lösung alkyliert bezw. acyliert Derivate wirklicher Nitrosamine $C_6H_5N \cdot R \cdot NO$ bezw. $C_6H_5N \cdot COR \cdot NO$ liefere; ferner wurde gefunden, dafs ein Teil der Reaktionsprodukte von Diazobenzol mit Ketonsäureestern etc. keine Azoverbindungen sondern Hydrazone sind, dann isolierten Schraube und Schmidt das ziemlich beständige p-Nitro = »iso« diazobenzol und das »Isodiazobenzol« in Form ihrer Alkalisalze, welche beide die typische Diazoreaktion nicht geben und endlich entdeckte Bamberger das ebenfalls nicht kuppelnde freie sogenannte »Isodiazonaphtalin«.

Die Chemie der Diazoverbindungen sei also derzeitig tatsächlich in dieselbe Phase eingetreten, wie jene der Oxime damals, als nach Entdeckung des »Isobenzoldoxims«, dessen Strukturverschiedenheit vom gewöhnlichen Benzaldoxim von verschiedenen Seiten eifrig verfochten wurde; denn dort sollte das Isoxim im Sinne einer jetzt als tautomer erkannten Strukturformel konstituiert sein und hier werde jetzt durch Bamberger zum ersten Male das gleiche, nämlich Strukturverschiedenheit, für die Isodiazoverbindungen angenommen, nachdem die anderen Autoren nur bis zur Annahme von Tautomerie gegangen waren. Die Analogie zwischen beiden Klassen von Verbindungen sei also in der Tat auch eine historische geworden.

Hantzsch wendet sich nunmehr zunächst der Kritik der von Schraube und Schmidt aufgestellten und von Bamberger gestützten Formel der Alkalisalze der Isodiazoverbindungen zu. Diese sollen hiernach das Alkali am Stickstoff tragen:

$$C_6H_5 - N \cdot R \cdot NO$$

und nur die echten kuppelnden Diazoverbindungen Sauerstoffsalze:

$$C_6H_5N = N \cdot O \cdot R$$

sein. Es müfste sonach z. B. bei der Umwandlung von Diazobenzolkalium in Isodiazobenzolkalium das Kalium vom Sauerstoff, zu dem es doch unter allen Metallen die gröfste Verwandtschaft zeigt, an den Stickstoff wandern, zu dem es nur minimale Affinität besitzt. Dies sei nicht anzunehmen, wenn man bedenkt, dafs die fragliche Umlagerung beim p-Nitrodiazobenzolkalium sogar schon bei gewöhnlicher Temperatur und in wässeriger Lösung erfolgen solle, während doch nach Werners Auffassung über den Zustand eines Salzes in wässeriger Lösung die Gruppen ($C_6H_5N_2O$) und K gemäfs dem Symbole $C_6H_5N_2O(H_2O)n \cdot K$ durch eine Hülle von Wasser voneinander getrennt seien. Sicher sei unter allen Umsänden, dafs zwei isomere Kaliumverbindungen ($C_6H_5N_2O(K)$ existieren, das echte farbstoffbildende Diazobenzolkalium und das nicht kuppelnde Isodiazobenzolkalium; die Annahme, dafs letzteres $C_6H_5NK \cdot NO$ sein solle, würde in ihrer Verallgemeinerung auch die Strukturisomerie anderer Salze voraussetzen, wie z. B. die Existenz echter Nitrite $O = N \cdot OK$ und Isonitrite

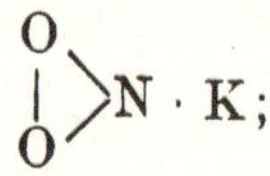

ebenso wären sodann Cyanate, Cyanide, Sulfite etc. kurz alle Substanzen, welche sich bisher in ihren Salzen als tautomere Verbindungen erwiesen haben[1]), in gesonderten Strukturisomeren denkbar. Gesetzt auch, dies wäre nach der Strukturtheorie möglich, so habe sich doch im Gegensatze hierzu gezeigt, dafs *strukturisomere Salze* bis jetzt nicht gefunden sind, allgemein und nach elektrochemischen Grundsätzen ausgedrückt, *dafs auf Strukturverschiedenheit beruhende Isomerie nie gefunden wurde, wenn ihre Ursache in der Verschiedenheit der Bindungsweise einer als Jon abdissociierbaren Gruppe* (H oder Me) *beruhen würde.*

Eine Bestätigung dieser Anschauung sei von *Werner* auf anorganischem Gebiete erbracht worden, indem derselbe zeigte, dafs die von *Jörgensen* für strukturisomer gehaltenen Metallammoniakverbindungen

---

[1]) Z. B.: Der Acetessigester müfste sodann auch in zwei strukturisomeren Formen beständig sein.

tatsächlich stereoisomer sind und eine weitere Stütze derselben liege in dem Nachweise, dafs die isomeren Salze der Oxime ($C_6H_5 \cdot CH = N \cdot OMe$) nicht strukturisomer, sondern stereoisomer sind. Würden sich demnach die isomeren Metallsalze des Diazobenzols als stereoisomer erweisen, was später zu beweisen, so wäre dieses nur eine dritte Bestätigung obiger Ansicht. Die Tatsachen, welche ihr zu Grunde liegen, scheinen Hantsch ein allgemeines Gesetz zu enthalten, welches zunächst in hypothetischer Weise ausgesprochen also lauten dürfe:

Salze einer tautomeren Substanz bestehen ebenso wenig wie diese selbst in zwei strukturisomeren Formen. Eine etwa aufgefundene Verschiedenheit derartiger Verbindungen wäre auf Stereoisomerie zurückzuführen.

Zur Tatsache der Bildung von alkylierten Nitrosaminen aus den sogenannten Isodiazoverbindungen übergehend, erinnert Hantzsch nunmehr daran, dafs gegenwärtig auch bei den Diazoverbindungen die schon bei den Oximen gehegte trügerische Ansicht das Fundament der angeblichen Beweise für die Auffassung der Isodiazokörper als Nitrosamine bilde, nämlich jene, dafs die Natur des erhaltenen Alkylderivates für die Konstitution der ursprünglichen Verbindung bestimmend sei; mit anderen Worten: aus der Tatsache, dafs Schraube und Schmidt aus ihren Isodiazobenzolsalzen mit Jodalkyl nitrosierte Alkylaniline, also Stickstoffäther erhielten, zu schliefsen, dafs erstere keine wahren Diazoverbindungen ($C_6H_5N = N \cdot OH$) sein könnten, sondern Nitrosamine sein müfsten, sei verfehlt. Fanden doch schon dieselben Forscher, welche die Nitrosaminformel des Isodiazobenzols annahmen, Tatsachen, die mit dieser nicht vereinbar sind. Es mufsten, wenn die Isodiazosalze tatsächlich Nitrosamine wären, u. a. die aus ihnen entstehenden acylierten Nitrosamine selbst bei der alkalischen Verseifung Nitrosamine liefern:

$C_6H_5 \cdot N \cdot NO$ $\vert$ $CO \cdot CH_3$	soll geben	$C_6H_5 \cdot N \cdot N : O$ $\vert$ $H + CH_3\,CO_2H$
Nitrosoacetanilid		Phenylnitrosamin (Isodiazobenzol).

Nun hat aber Bamberger (vergl. S. 92) gefunden, dafs dieses nicht der Fall ist, dafs im Gegenteil bei dieser Verseifung wahres kuppelndes Diazobenzolmetallsalz[1]) entsteht. Ferner bildet dasselbe p-Nitroisodiazobenzol, welches nach Schraube und Schmidt als Kaliumsalz den Stickstoffäther $NO_2 \cdot C_6H_4 \cdot N \cdot CH_3 \cdot N : O$ liefert, nach v. Pechmann (a. a. O.) als Silbersalz einen Sauerstoffäther $NO_2 \cdot C_6H_4 \cdot N = N \cdot OCH_3$. Die Analogie zwischen Oximen und

[1]) Heutzutage wissen wir, dafs bei solchen alkalischen Verseifungen nur wahres Diazometallsalz entstehen kann, und dafs auch das wirklich existierende Phenylnitrosamin mit Alkalien nur solche normale Sauerstoffsalze zu liefern imstande ist.

Diazoverbindungen treffe also auch bezüglich der Ätherbildung zu.

Hantzsch schließt diese Ausführungen mit dem Hinweise: Die Existenz von Phenylnitrosaminen im freien Zustande **als Strukturisomere** der echten Diazoverbindungen, wie diejenige der Metallsalze von Nitrosaminen sei nicht bewiesen. Die Nitrosaminformel habe nur den Charakter einer tautomeren Nebenform. (Über die tatsächlich später erfolgte Darstellung von Phenylnitrosaminen s. S. 236.)

II. Beweise für die Strukturidentität von Diazo- und Isodiazoverbindungen: Da nun aber tatsächlich zwei Formen des Diazobenzols existieren, welche von einander verschiedene Eigenschaften zeigen, so können, wie Hantzsch weiter schließt, diese nur geometrisch isomer sein, analog den isomeren Oximen. Um diese Hypothese der Stereoisomerie bei Diazoverbindungen zu stützen, mußten Beweise für die Strukturidentität der Diazo- und Isodiazoverbindungen erbracht werden. Die Art, nach welcher dieser Beweis zu führen, ist im erwähnten Abschnitt II der zitierten Abhandlung von Hantzsch enthalten. Sie ist dem Sinne nach folgende:

Fände sich ein Derivat des Diazobenzols, in dem der abdissoziierbare Wasserstoff oder das Metall durch eine nicht abspaltbare Gruppe ersetzt ist, welche also keine Verschiebung im Sinne einer tautomeren Strukturformel erlaubt, in zwei isomeren Formen, von welchen die eine die Reaktionen der echten Diazoverbindungen zeigt, indem sie z. B. kuppelt, die andere aber die der Isodiazoverbindungen gibt, so können beide fraglichen Verbindungen nur strukturidentisch sein und ihre Verschiedenheit beruhte sodann auf **Stereoisomerie.** Mit diesem Funde wäre die Stereoisomerie der Diazoverbindungen an einem Paare derselben bewiesen. Natürlich wäre es wünschenswert, um diesem Beweise durch Induktion weitere Geltung zu verschaffen, eine gröfsere Anzahl von Paaren solcher stereoisomerer Diazoverbindungen aufzufinden.

Nach dieser Richtung gingen denn auch die Untersuchungen von Hantzsch im Laufe der nächsten Jahre. Wenn es diesem Forscher in der Tat nur gelang, seine Hypothese durch die nachgewiesene Existenz dreier Gruppen von stereoisomeren Diazoverbindungen zu stützen, so liegen die Gründe hierfür einerseits in den eminenten experimentellen Schwierigkeiten, welche bei der Isolierung der betreffenden labilen Isomeren infolge ihrer aufserordentlichen Unbeständigkeit zu überwinden waren und anderseits darin, dafs, wie schon erwähnt, mangels absoluter Analogie zwischen Oximen und Diazoverbindungen dort gefundene Isomerien hier ausfielen. (Vergl. Kapitel: Diazoäther S. 208.)

Da die betreffenden ersten Publikationen von Hantzsch nur in ihrer Gesamtheit wiedergegeben ein volles Urteil über ihre Beweiskraft zu geben vermögen und ihre Anführung an dieser Stelle den Zusammenhang zerreifsen würde, so lasse ich die Besprechung dieses Gegenstandes im ganzen erst nach der gegenwärtigen Behandlung der einleitenden Publikation von Hantzsch folgen. Hier sei nur kurz erwähnt, dafs von den in dieser Abhandlung beschriebenen Beispielen von stereoisomeren Diazoverbindungen dasjenige der beiden Diazoaminobenzole[1]) sich als irrtümlich erwies. Das nächste betrifft zwei von Hantzsch in der Folge als stereomer bewiesene Formen von diazobenzolsulfosaurem Kalium (Streckers Salz s. S. 38). Um die Natur dieser Isomerie entspann sich jene äufserst interessante und lehrreiche Kontroverse zwischen dem Entdecker Hantzsch einerseits und Bamberger anderseits, welche u. a. die Überlegenheit der neueren physikochemischen Methoden über die älteren rein chemischen Arten der Beweisführung in schlagender Weise darlegte und deren wesentlicher Inhalt, wie erwähnt, erst nach Schlufs der gegenwärtigen Betrachtungen wiedergegeben werden kann.

---

[1]) Bamberger zeigte, Ber. **27**, 2596 [1894], dafs das von Hantsch erhaltene, als Syn-Diazoaminobenzol bezeichnete Produkt identisch mit dem von Pechmann. Ber. **27**, 703 [1894], dargestellten Bisdiazobenzolanilid ist.

Es ist nun zunächst der Inhalt der Abschnitte III und IV der Hauptabhandlung von Hantzsch zu erörtern. Von diesen ist der dritte hauptsächlich der Methode der Konfigurationsbestimmung von Diazo- und Isodiazoverbindungen gewidmet, d. h. dem Verfahren, aus den Reaktionen dieser Körper zu erkennen, ob sie der labilen oder der stabilen Reihe angehören. Es sei nochmals erwähnt, dafs diese beiden Reihen sich nach Hantzsch, wie folgt, darstellen:

Syndiazoverbindungen		Antidiazoverbindungen
$\begin{array}{r} C_6H_5 \cdot N \\ \Vert \\ X \cdot N \end{array}$	und	$\begin{array}{l} C_6H_5 \cdot N \\ \Vert \\ N \cdot X \end{array}$
labile Formen		stabile Formen.

Verallgemeinert enthalten diese Formelbilder den Ausdruck für die Tatsache, dafs ein System von vier Gruppen, deren Mittelpunkte in einer Ebene gedacht und von denen mindestens zwei einander gleich sind, in zwei Gleichgewichtslagen (als stabile und metastabile Anordnung) bestehen kann

$$1.\ \begin{array}{c} a\,b \\ a\,c \end{array} \quad \text{und}\ 2.\ \begin{array}{c} a\,b \\ c\,a \end{array}$$

also mit Nachbarstellung und Gegenstellung der zwei gleichartigen Gruppen (a); im speziellen Falle der Stickstoffatome. Obenstehende Anordnung zeigt, dafs bei Antistellung (2) nicht nur die an Stickstoff gebundenen Gruppen, sondern auch die beiden Stickstoffatome selbst in Antistellung sich befinden. Dieses läſst sich nach Hantzsch am besten durch das Schema

$$\begin{array}{l} N \cdot a \\ | \\ N \cdot b \end{array} \text{ und } \begin{array}{l} N \cdot a \\ \quad\diagdown \\ b \cdot N \end{array} \text{ oder im speziellen Falle } \begin{array}{l} N \cdot C_6H_5 \\ \| \\ N \cdot X \end{array} \text{ und } \begin{array}{l} N \cdot C_6H_5 \\ \quad\diagdown\!\diagdown \\ X \cdot N \end{array}$$

ausdrücken.

Zur Aufgabe der Konfigurationsbestimmung übergehend, leitet Hantzsch aus den Reaktionen der Diazoverbindungen ihre Zugehörigkeit zu einer der beiden stereoisomeren Reihen in folgender Weise ab:

I. Konfigurationsbestimmung durch Farbstoffbildung.

Gewisse echte Diazoverbindungen existieren bei geeigneter Beschaffenheit des Moleküls als innere Anhydride (Vergl. S. 36), so z. B. die Diazosulfanilsäure, sodann die Diazophenole etc. In diesen Verbindungen bilden die Diazostickstoffatome mit den an sie gebundenen Radikalen einen Ring. Es müssen sich also letztere in Nachbarstellung zueinander befinden, wie aus folgenden Formeln hervorgeht:

$$\begin{array}{ccc} C_6H_4C_6 & - & N\ ^{1)} \\ | & & \| \\ SO_3S & - & N \end{array} \qquad\qquad \begin{array}{ccc} O_2N \cdot C_6H_4 & - & N \\ | & & \| \\ O & - & N \end{array}$$

Anhydrid der Diazobenzolsulfosäure — Anhydrid des Nitrodiazophenols.

---

[1]) Diese Auffassung der Diazosulfanilsäure in Azostruktur ist veraltet und wurde von Hantzsch selbst später die Richtigkeit der Streckerschen Formel bewiesen (vergl. S. 165).

Wird bei diesen Verbindungen durch Wasseranlagerung, Salzbildung etc. der Ring aufgespalten, so darf angenommen werden, dafs die an den Stickstoffatomen befindlichen Gruppen ihre im Ringe innegehabte Stellung zunächst beibehalten, so dafs man hat:

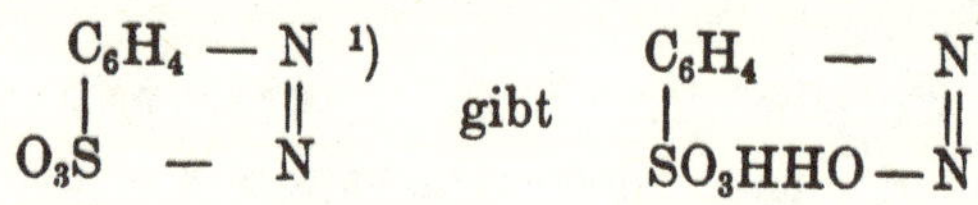

Diazosulfanilsäureanhydrid Diazosulfanilsäurehydrat.

Es bilden aber nun alle bisher bekannt gewordenen ringförmigen Diazoverbindungen mit Phenolen etc. Azofarbstoffe, d. h. sie kuppeln ganz ebenso wie die anderen »offenen« echten Diazoverbindungen. Daraus folgt, dafs diese letzteren ebenso wie die ringförmigen Diazoverbindungen die an den Diazostickstoffatomen befindlichen Gruppen in benachbarter Stellung haben müssen, d. h. allgemein, dafs alle kuppelnden Diazoverbindungen der Syn-Reihe und umgekehrt die nicht kuppelnden Isodiazoverbindungen der Antireihe angehören.[1])

Die Tatsache, dafs, wie Bamberger fand, manche echte Diazoverbindungen in alkalischer Lösung nach einiger Zeit nicht mehr kuppeln, also in Isodiazoverbindungen übergehen, illustriert Hantzsch in der Weise, dafs er annimmt, es finde unter dem Einflusse

[1]) Über eine später notwendig gewordene Einschränkung dieses Satzes siehe: Über Kuppelungsfähigkeit von Diazo- und Isodiazoverbindungen S. 204.

des Alkalis die Verwandlung der alkalilabilen Synverbindung in die alkalistabile Antiverbindung durch Drehung um die Achse des Stickstoffpaares (Umschlag) in folgender Weise statt:

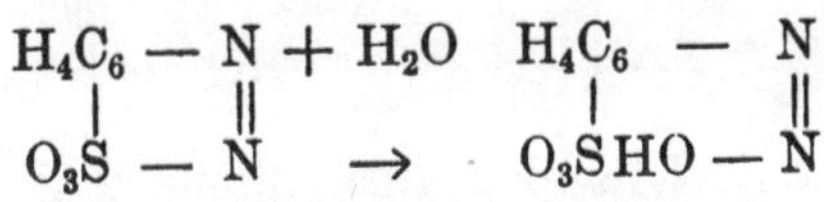

Syndiazoverbindung (Farbstoff gebend)

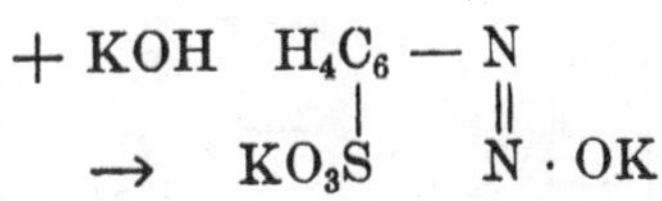

Antidiazoverbindung (nicht Farbstoff gebend).

II. Konfigurationsbestimmung durch intramolekularen Zerfall.

Nach dem von Hantzsch an den Oximen erprobten Prinzipe der intramolekularen Reaktion räumlich benachbarter Gruppen können von den stereoisomeren Diazokörpern

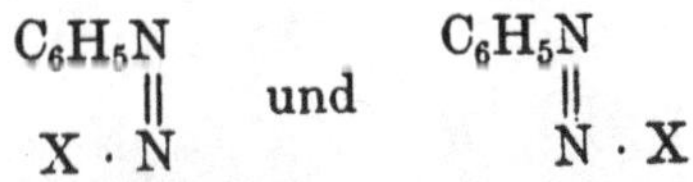

nur diejenigen der Syn-Reihe im Sinne des Schemas $C_6H_5 \cdot N = N \cdot X = C_6H_5X + N_2$ intramolekular zerfallen. Diesen Bedingungen entsprechen aber bekanntlich experimentell die echten oder normalen Diazoverbindungen. Alle die im ersten Teile angeführten, von Griefs entdeckten wichtigen Reaktionen der Bildung von Kohlenwasserstoffen, Phenolen und

Halogenbenzolen etc., bei welchen der gesamte Diazostickstoff eliminiert wird, beruhen auf dem stereochemisch sehr einfach darstellbaren Vorgang:

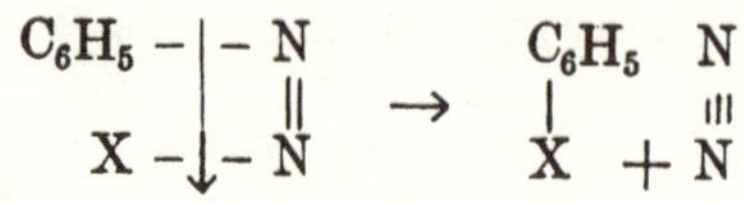

Er ist dem Zerfalle der nitrilbildenden Synaldoxime in Nitrile aufserordentlich ähnlich:

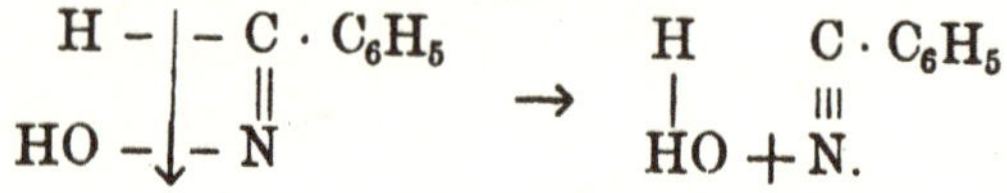

Während die in Synstellung vorhandenen Stickstoffatome bei diesen Zersetzungen zusammen bleiben und als Molekül Stickstoff völlig eliminiert werden, haben bekanntlich die beständigeren Isodiazoverbindungen, in welchen die Stickstoffatome in Antistellung angenommen werden müssen, die Tendenz, in zwei Moleküle mit je einem Stickstoffatom zu zerfallen nach dem Schema:

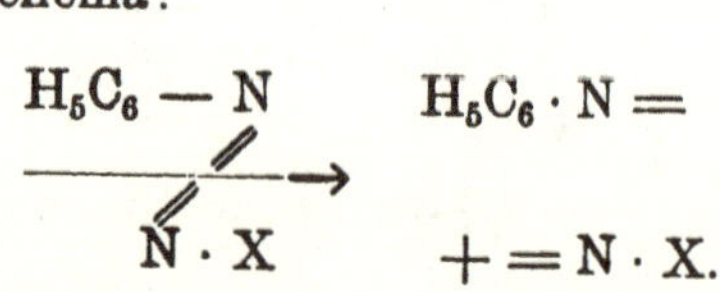

In diesem Sinne erklärt sich auch Hantzsch u. a., dafs das Nitrosobenzol nicht direkt aus echten Diazoverbindungen bei der Oxydation (siehe Diazobenzolsäure S. 77), sondern aus den sogenannten »Isodiazoverbindungen« entsteht:

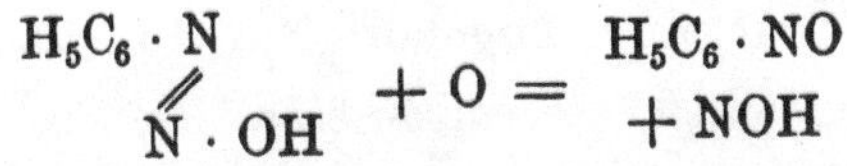

Wenn sodann nach Pechmann, Bamberger, Schraube und Schmidt nur aus Isodiazoverbindungen echte Nitrosamine gebildet, letztere aber in Amine und salpetrige Säure gespalten werden können, so bedeute dieses nichts anderes, als dafs auch hier die relativ beständige Antidiazoverbindung unter Vermittlung eines als Zwischenprodukt entstehenden Nitrosamines zuletzt in zwei Teile mit je einem Stickstoffatom zerfällt:

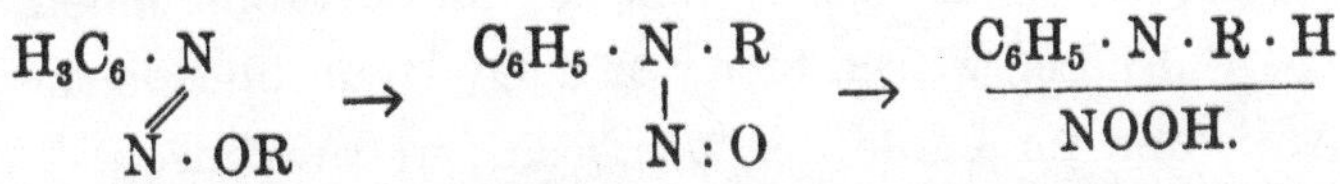

Den dritten von Hantzsch angegebenen Methoden der Konfigurationsbestimmung, nämlich jener aus dem Grade der Zersetzlichkeit der betr. Diazoverbindungen, kann jetzt noch nicht näher getreten werden, da die hier in Betracht kommenden, von Hantzsch entdeckten Verbindungen, wie schon erwähnt, erst später im Zusammenhange behandelt werden können.[1]) Wir gehen daher über zu

IV. Allgemeine Stereochemie der Diazoverbindungen.

In diesem Kapitel bringt Hantzsch zuerst eine Übersicht der damals bekannten Diazoverbindungen

[1]) Siehe S. 132 Anm. 1.

in Bezug auf ihre Zugehörigkeit zu einer der von ihm aufgestellten stereoisomeren Reihen. Da diese Arbeit, wie schon in der Einleitung angedeutet, die historische Entwicklung der Frage der aromatischen Diazoverbindungen veranschaulichen soll, so habe ich kein Bedenken getragen, auch später geänderte Ansichten der bei den um dieses Kapitel der Chemie so hoch verdienten Forscher an der betreffenden Stelle vorzutragen, damit das allmähliche Emporringen zur Wahrheit desto deutlicher erkennbar werde. So finden sich daher in der folgenden Tabelle u. a. die Diazosäuresalze noch unter den Syndiazoverbindungen. Die Fufsnoten weisen hier u. a. a. O. darauf hin, welche Ansichten im Laufe der Zeit geändert wurden.

Synverbindungen

$$\begin{array}{r} C_6H_5 - N \\ \| \\ X \cdot N \end{array}$$

sind nach den damaligen Anschauungen von Hantzsch:

1. alle Salze des Diazobenzols mit Mineralsäuren[1];
2. das Diazobenzolhydrat, welches aus den Lösungen der ersteren primär entsteht[2];
3. dessen Alkali- und Silbersalze[3];
4. die labilen Salze der Diazobenzolsulfosäure.[4]

---

1) Diese Salze sind nunmehr als Diazoniumsalze, vergleichbar den Ammoniumsalzen, erkannt (siehe S. 152).

2) Vergl. S. 226.

3) Vergl. S. 213.

4) Vergl. S. 131.

Antidiazoverbindungen $H_5C_6 \cdot \begin{matrix} N \\ \| \\ N \cdot X \end{matrix}$ sind:

1. das bisherige »Isodiazobenzolhydrat« oder Phenylnitrosamin[1]) und seine Alkalisalze;
2. die für p-Nitrophenyl-Nitrosamin und Nitrosonaphtylamin gehaltenen Hydrate des p-Nitrodiazobenzols bezw. Diazonaphthalins;
3. der aus Nitrodiazobenzolsilber von Pechmann erhaltene Methyläther;
4. wahrscheinlich alle analog gewonnenen Sauerstoffäther der »Isoreihe«;
5. die Diazoaminoverbindungen[2]);
6. die stabilen Salze der Diazobenzolsulfosäure.

Dagegen seien, fügt Hantzsch hier noch an, Antidiazosalzeder Mineralsäuren noch nicht bekannt.[3])

Bezüglich der relativen Beständigkeit beider Reihen von Diazoverbindungen macht Hantzsch hier einige Angaben von allgemeinem Interesse. Die Antidiazoverbindungen (Isodiazoverbindungen, Nitrosamine nach Bamberger) sind die alkalistabilen; denn Syndiazobenzolverbindungen gehen durch konzentrierte Alkali in erstere über. In verdünnten alkalischen

[1]) Vergl. S. 232. Wiederaufnahme und Begründung der Nitrosaminformel des Antidiazohydrates durch Hantzsch.

[2]) Dagegen zeigte Bamberger (Ber. **27**, 1952 [1894]), dafs Diazoaminoverbindungen im allgemeinen kuppelungsfähig sind, wogegen das Di-p-Dinitrodiazoaminobenzol nicht kuppelt.

[3]) Vergl. S. 152.

Lösungen bestehen beide Isomeren nebeneinander. Während der Übergang von Syndiazobenzolkalium in die Antiverbindung erst mit konzentriertem Kali über 100° glatt erfolgt, beeinflussen negative Substituenten im Phenyl bezw. Naphthalinkerne schon für sich die Stabilität der Synverbindungen in ungünstigem, die der Antiverbindungen derart in günstigem Sinne, daſs auf diese Weise mehrere derselben in freiem Zustande erhalten werden konnten.

Den Übergang von Syn- in Antiverbindungen nennt Hantzsch, einer bildlichen Vorstellung folgend, »Umschlag«. So schlägt z. B. das Syndiazobenzol beim Erhitzen mit Kali in die Antiverbindungen um. Dieser Umschlag erfolgt langsam; die Rückverwandlung von Antiverbindungen in Synverbindungen findet unter Vermittelung von Mineralsäuren und rasch statt.[1])

Bambergers Entgegnung.

Zur Beurteilung der nun folgenden Entgegnung Bambergers[2]) auf die Ausführungen von Hantzsch ist daran zu erinnern, daſs ersterer Forscher als Vertreter der strukturellen Auffassung der Isomerie bei Diazoverbindungen die Hypothese von Hantzsch über die Stereoisomerie derselben zunächst um so

[1]) Über die neueste Auffassung dieses Vorganges siehe S. 253.

[2]) Ber. 27, 2582 [1894].

mehr abzulehnen Ursache zu haben glaubte, als die zu Gunsten der letzteren beigebrachten Beweise damals leider nicht zahlreich[1]) genug waren und einer von ihnen sich nicht als stichhaltig erwiesen hatte. Bamberger erkannte unter diesen Umständen das Bestehen einer Parallele zwischen Oximen und Diazoverbindungen um so weniger an, als diese sich in letzterer Reihe vorerst nur auf das Vorhandensein je zweier Isomeren beschränkte, von denen das eine tautomer zu reagieren vermag. Dagegen gab Bamberger zu, dafs die Stereoisomerie der Diazoverbindungen unumstöfslich dann bewiesen wäre, wenn, wie bei den Oximen, zwei strukturidentische, voneinander im physikalischen Verhalten verschiedene Sauerstoffäther: $C_6H_5 \cdot N : N \cdot OR$, oder Acetate $C_6H_5 \cdot N : N \cdot O \cdot CO \cdot CH_3$ gefunden würden. Dies sei bisher nicht der Fall, da sowohl aus Diazobenzolsilber, wie aus Isodiazobenzolsilber mit Jodmethyl nur ein und derselbe normale Diazoester ($C_6H_5N : N \cdot OCH_3$) und ebenso aus p-Nitrodiazobenzolsilber und p-Nitrodiazobenzolsilber ebenfalls nur ein Ester erhalten worden sei. Es scheine also, während jedes der stereoisomeren Oxime seinen eigenen Ester liefert, den Diazo- und auch den Isodiazometallsalzen nur ein einziges und

[1]) Dafs bei der durchaus nicht absoluten Analogie der Diazoverbindungen mit den Oximen nicht alle Beweise, welche hier für die Stereoisomerie sprachen, auch dort eintrafen, ist von vornherein klar.

zwar normales Alkylderivat (Sauerstoffäther) zu entsprechen. Bamberger hält sonach die Stereoisomerie der Diazoverbindungen noch nicht für bewiesen. In der weiteren Besprechung verteidigt er seine Nitrosaminformel der Isodiazoverbindungen gegen Hantzsch, wobei er zunächst anführt, daſs dieser mit Recht die Anschauung von Schraube und Schmidt zurückweise, wonach in der Überführbarkeit der Isodiazometallsalze in Ester von der Formel $C_6H_5 \cdot N \cdot R \cdot N : O$ der Beweis für die Nitrosaminformel ($C_6H_5NH \cdot NO$) derselben enthalten sein solle; er selbst teile dieselbe nicht, und es hätten ihn andere Gründe zur Annahme dieser Formel veranlaſst, die in dem gänzlich verschiedenen chemischen Verhalten von Diazoverbindungen einerseits und Isodiazoverbindungen anderseits liegen, welches bei Annahme von Strukturidentität beider nicht zu erklären sei. Diese Unterschiede liegen hauptsächlich in folgendem: Normale Diazometallsalze seien in verdünnt alkalischer Lösung schon in der Kälte sehr unbeständig, die isomeren dagegen auch beim Kochen stabil. Die aus ersteren erhaltenen Hydrate seien Basen[1]) bezw. nur sehr schwache Säuren, daher ihre Unbeständigkeit in verdünnt alkalischer Lösung, letztere dagegen zeigen basische Eigenschaften gar nicht, saure aber in ausgesprochenem Maſse. Hierzu komme, daſs auch die

[1]) Von Hantzsch widerlegt (siehe S. 215).

Farbstoffbildung der Diazo- und das Nachkuppeln[1]) der Isodiazoverbindungen sich stereochemisch schlecht erklären lasse, kurz, das so ausgesprochen chemisch verschiedene Verhalten der beiden isomeren Reihen lasse sich durch Raumformeln nicht genügend ausdrücken, um so weniger, wenn nicht vorher jede Möglichkeit von struktureller Auffassung genommen sei. Die Formeln:

$$C_6H_5N : N \cdot OH(^*) \quad \text{und} \quad C_6H_5NH(^*) \cdot N : O$$

Normales Diazobenzol — Isodiazobenzol

seien daher noch immer geeignet, die Verschiedenheiten beider Verbindungen zu erklären. Die leichte Überführbarkeit der einen in die andere dürfe in der Gegenwart des beweglichen Wasserstoffatomes(*) begründet sein. Wenn ferner Hantzsch leugne, dafs die Salze des Isodiazobenzols das Metall am Stickstoff tragen, so erinnert Bamberger daran, dafs eine Iminogruppe zwischen zwei negativen Radikalen saure Eigenschaften habe, wie die acylierten Cyanamide, die Diazobenzolsäure, die Nitramine von Franchimont und Phtalimid, ferner auch Pyrrol, Azoimid, Benzimidazol und endlich das schon erwähnte Di-p-dinitrodiazoaminobenzol von Griefs beweisen, welch letzteres sogar mit verdünntem Alkali Salze bildet. Endlich erwähnt Bamberger noch, dafs selbst Diazoaminobenzol schon schwach saure Eigenschaften

[1]) Über den Begriff Nachkuppeln siehe S. 205.

besitzt.[1]) Dafs die Isodiazoverbindungen nicht kuppeln, liegt nach Bamberger daran, dafs diese Eigenschaften an das Vorhandensein einer Hydroxylgruppe gebunden sei, und es stütze sich diese Annahme darauf, dafs dieser Forscher gefunden zu haben glaubte, dafs Isodiazobenzol nicht mit Acetessigester kuppelt.[2])

[1]) Wenn Bamberger als Beweise für die Richtigkeit der Nitrosaminformel der Isodiazobenzolmetallsalze ($C_6H_5N \cdot K \cdot N:O$) anführt, dafs auch im Pyrrol, Azoimid und in den Diazoaminoverbindungen das Metall am Stickstoff sitze und auch Nitramine, Cyanamide, Phtalimid etc. solche Metallsalze bilden, so dürfte er nicht Zusammengehöriges vermengen. Die erstgenannten Verbindungen bilden Salze durch Substitution von Wasserstoff durch Metall, weil die Nähe einer Doppelbindung das am Stickstoff befindliche Wasserstoffatom beweglich gemacht hat (Anwendung der Henrich-Thieleschen Regel auf Stickstoffketten) und sodann, weil hier das Metall keine andere Möglichkeit des Eintrittes hat. In dem Isodiazobenzol als Phenylnitrosamin gedacht und in den übrigen sauerstoffhaltigen Verbindungen dagegen könnte das Metall sich an den Sauerstoff binden oder für Wasserstoff eintreten, und es war z. Z., als Bamberger seine diesbezüglichen Ansichten aufstellte, mindestens ungewifs, welchen Ort das Metall wählen würde. Die obigen Beispiele von sauerstoffhaltigen Verbindungen sind demnach ungünstig gewählt. Die heutige Theorie der Pseudosäuren von Hantzsch (siehe S. 232; vergl. auch Acetessigester und seine Salze) gibt über den Platz des Metalles in den Isodiazobenzolsalzen volle Aufklärung.

[2]) Neuerdings bewies Bülow, dafs auch die nach Schraube und Schmidt dargestellten Isodiazobenzolmetallsalze mit Acetessigester etc. reagieren und zwar unter Bildung von Azoverbindungen; ein vollgültiger Beweis dafür, dafs auch sie ebenso wie die normalen Diazoverbindungen ein Hydroxyl enthalten und damit natürlich auch ein Beweis für die stereomere Isomerie der Diazotate. Ber. **32**, 197 [1899.]

Von besonderer Bedeutung erscheint indes die hier geäufserte Ansicht Bambergers von der Wirkungsweise der freien salpetrigen Säure in Bezug auf die Bildung von Diazobenzol bezw. Isodiazobenzol. Während alle früheren Autoren dieselbe analog dem Schema

$$C_6H_5N : H_2 + O : N \cdot OH \rightarrow C_6H_5N = N \cdot OH + H_2O$$

annehmen, wonach also die (N : O)-gruppe mit dem Amin reagiert, nimmt Bamberger an, dafs die (OH)-gruppe des Salpetrigsäurehydrates reagiere:

$$C_6H_5N\begin{matrix}\diagup H\\ \diagdown H\end{matrix} + OHN : O \rightarrow \underset{\diagdown H}{C_6H_5N} \cdot N : O + H_2O.$$

Hiernach wäre in der Tat das primäre Produkt der Einwirkung von salpetriger Säure auf primäre aromatische Amine die Isonitrosoverbindung und durch Umlagerung derselben entstünde dann erst die wahre Diazoverbindung:

$$C_6H_5NH \cdot N : O \rightarrow C_6H_5N = N \cdot OH.$$

Es wäre also zu untersuchen, in welcher Weise die salpetrige Säure im betreffenden Falle tatsächlich reagiert bezw. ob sie wirklich die oben angenommene Konstitution besitzt.[1]) (Vergl. S. 110.) Bezüglich des Einwandes von Hantzsch, wonach bei der Umwandlung von Isodiazobenzolkalium in

[1]) Das Verhältnis von Phenylnitrosamin und Diazobenzol zueinander ist das von Pseudosäure zur Säure. (Hantzsch.) Vergl. auch K. Walther, Journ. f. pr. Chem. 51, 528.

Diazobenzolkalium das Kalium vom Sauerstoffe, zu dem es doch die gröfste Verwandtschaft besitze, an den Stickstoff wandern müsse, bemerkt Bamberger wie es scheinen will in etwas unbestimmter Form, dafs das Radikal ($C_6H_5N_2$) in den Diazoverbindungen (welchen?) zwar schwach negative, aber gleichzeitig (?) stark positive Eigenschaften besitze, daher könne die Energie mit welcher Kalium an dem Reste ($C_6H_5N_2O$) sitze, nicht grofs sein.[1]) Dagegen gibt Bamberger zu, dafs die von ihm gefundene Tatsache, wonach durch Verseifung von acylierten Nitrosaminen nicht Isodiazo- sondern wahre kuppelnde Diazoverbindungen entstehen, zu Ungunsten der Nitrosaminformel des Isodiazobenzols ausgelegt werden könne; doch scheine sie ihm mit derselben vereinbar, sobald man intermediäre Hydratation annimmt:

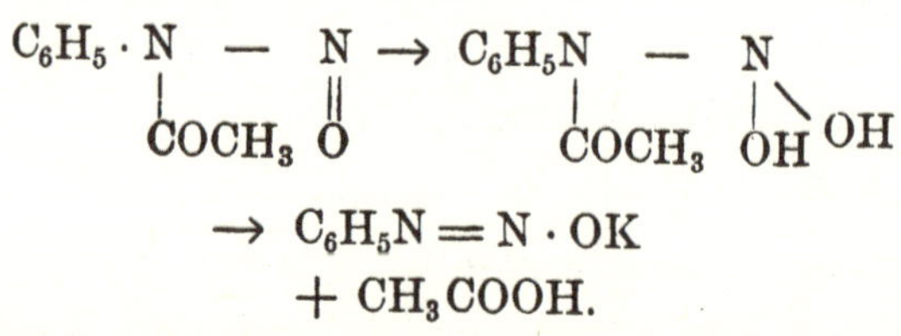

Zum Schlusse hält Bamberger seine Nitrosaminformel aufrecht, da sie mit keiner der bisher gefundenen Tatsachen in Widerspruch stehe und betrachtet die Stereoformeln von Hantzsch nicht für

[1]) Es wurde schon bemerkt, dafs ($C_6H_5N_2$) positiv oder negativ wird, je nachdem es mit einem Metalloid oder Metall zusammentritt.

bewiesen, ohne jedoch die Möglichkeit zu bestreiten, dafs es in Zukunft geschehe. Sollte dieser Fall eintreten, so habe sich Hantszch das Verdienst erworben, zu einer Zeit, da experimentelle Begründung noch nicht möglich war, richtige Anschauungen entwickelt und das Prinzip der bisher von ihm so erfolgreich bearbeiteten räumlichen Stellungsisomerie durch Auffindung eines neuen Beispieles gefördert zu haben.

Stereoisomere Diazoverbindungen nach A. Hantzsch.

Im folgenden sind die zwei ersten von Hantzsch zur Stütze seiner Hypothese beigebrachten Paare von isomeren Diazoverbindungen der Reihenfolge nach und ohne Rücksicht auf dazwischenliegende Untersuchungen aus anderen Teilen der Diazofrage behandelt, um dem Leser ein Urteil über die Beweiskraft dieser Beispiele zu ermöglichen. Wo von Bamberger Einwände erhoben wurden, sind diese zusammen mit den betreffenden Entgegnungen von Hantzsch an Ort und Stelle eingefügt.

1. Stereoisomerie der Salze der Benzoldiazosulfonsäure.[1])

Mit dem Namen »Benzoldiazosulfonsäure« bezeichnet Hantzsch die von dem durch Strecker

[1]) Ber. 27, 1726, 2584 [1894].

entdeckten, aus Diazobenzolchlorid und neutralem Kaliumsulfit erhaltenen, früher diazobenzolsulfonsaures Kali oder Diazobenzolkaliumsulfit genannten Salze abgeleitete Säure. Der Name ist so gewählt, um sie von der früher als Diazobenzolsulfosäure bezeichneten Diazosulfanilsäure (S. 48) zu unterscheiden.

Hantzsch erhielt nun beim Zusammenbringen von Diazobenzolnitrat und neutralem Kaliumsulfit bei Temperaturen unter 0° in Gegenwart von Pottaschelösung ein in rotgelben Blättchen kristallisierendes äufserst labiles Salz, welches sich von dem gelben stabilen Salz von Strecker nur durch den Gehalt von 1 Mol. Kristallwasser unterscheidet. Hantzsch stellte daher für dasselbe die Formel $C_6H_5N_2 \cdot SO_3K + H_2O$ auf. Es ist aufserordentlich zersetzlich, explodiert durch Stofs, Belichtung, ja bei der Verwitterung stets von selbst.[1]) Es kuppelt mit jeder alkalischen Phenollösung aufserordentlich rasch und zersetzt sich beim Kochen mit Wasser leicht unter Abgabe von SO_2 und Bildung von Phenol. Die dunkelgelbe wässerige Lösung färbt sich bei gew. Temperatur

[1]) Dieser leichte, oft spontane Zerfall des einen Isomeren, der auch bei den Diazocyaniden wiederkehrt, führt Hantzsch im Zusammenhalte mit den sonstigen Eigenschaften dieser labilen Körper zu der Verallgemeinerung, dafs von zwei stereoisomeren Verbindungen die sich leicht oder sogar von selbst zersetzende der Synreihe, die stabile der Antireihe angehört und er nennt diese Art von Konfigurationsbestimmung jene durch die Explosibilität oder Zersetzlichkeit (vergl. Ber. **27,** 1721 [1894]. Siehe auch S. 120).

allmählich hellgelb und scheidet alsbald körnige Kristalle des stabilen Salzes ab. Das Barytsalz der labilen Verbindung ist dagegen schwerer löslich als das der stabilen; während anderseits das Silbersalz der stabilen Verbindung sich durch grofse Kristallisationsfähigkeit auszeichnet, wird die Lösung des neuen Salzes von Silber- und Bleilösungen unter Bildung der betreffenden unlöslichen Sulfite gefällt. In den Filtraten befindet sich sodann Diazobenzolnitrat, eine Tatsache, aus welcher Hantzsch u. a. mit Recht den Diazocharakter der neuen Verbindung ableitet. Noch charakteristischer und in diesem Sinne beweisender ist die Reaktion des neuen labilen Salzes mit Kupferlösung. Während nämlich die Lösung des stabilen Salzes sich damit nur gelb färbt, sonst aber unverändert bleibt, entwickelt das labile unter diesen Bedingungen schon bei gew. Temperatur heftig Stickstoff: es zeigt also die Sandmeyersche Reaktion. Hantzsch nimmt daher mit Recht an, dafs auch das labile Salz eine Diazoverbindung ist, d. h. dafs beide Salze stereoisomer sind und nennt das neue labile die Syn-, das Streckersche die Antiverbindung.

$$\begin{array}{ll} C_6H_5 - N & \qquad C_6H_5 - N \\ \quad\;\; \| & \qquad\qquad\;\; \| \\ RO_3S - N & \qquad\qquad\;\; N - SO_3R. \end{array}$$

Benzolsyndiazosulfonsaures Kali — Benzolantidiazosulfonsaures Kali.

Bambergers Kritik dieser Auffassung der beiden isomeren Salze als Sulfonate ging zunächst im wesentlichen dahin, dafs Hantzsch die Strukturidentität beider Salze nicht bewiesen habe. Das labile könne sehr wohl ein Sulfit von der Zusammensetzung

$$C_6H_5N = N \cdot O \cdot SO_2K$$

sein und somit wären beide Salze nicht stereo-, sondern strukturisomer:

$C_6H_5N = N \cdot O \cdot SO_2K$	$C_6H_5 \cdot N = N \cdot SO_3K$
labiles Salz	stabiles Salz
Diazobenzolkaliumsulfit	Benzoldiazosulfonsaures K
(Syn-salz von Hantzsch)	(Antisalz von Hantzsch).

Um diese »Sulfitformel« des labilen Diazosulfonates von Hantzsch zu stützen, führt Bamberger[1]) in mehreren Abhandlungen etwa folgendes an:

Der stärkste Beweis gegen die Annahme von Hantzsch liege in den Reaktionen des labilen Diazosulfonates. Es liefert nämlich 1. mit verdünnten Säuren, auch organischen, sofort SO_2; 2. die Jodamylumreaktion tritt in einer wässerigen Lösung erst auf Zusatz eines Überschusses von Jod auf; 3. Kaliumpermanganat wird durch die wässerige Lösung dieses Salzes sofort entfärbt; 4. schwarzes Kupferrhodanid wird damit weifs. Das stabile Isomere zeigt keine dieser Reaktionen. Das labile Salz zeige also Sulfit-

[1]) Ber. 27, 2584, 2930, 3527 [1894].

reaktionen. Gleichwohl gibt kurz darauf Bamberger zu, dafs es ein sehr labiles Sulfonat sein könne. In einer anderen Abhandlung erinnert Bamberger daran, dafs diese Isomerie mit derjenigen von alkylschwefligsauren und akylsulfonsauren Salzen analog sein dürfte $(C_2H_5)O \cdot SOOR$ und $C_2H_5SO_2OR$. Warlitz, welcher zuerst aus schwefligsaurem Äthyl das äthylschwefligsaure Kalium erhielt, fand auch, dafs dieses sich bei höherer Temperatur zu äthylsulfonsaurem Kali isomerisiert. Diesem Vorgange

$$OS\begin{cases} O(C_2H_5) \\ OK \end{cases} \rightarrow SO_2\begin{cases} (C_2H_5) \\ OK \end{cases}$$

erscheine der des Überganges des labilen Salzes von Hantzsch in das stabile ganz analog. Hierbei scheint Bamberger nicht zu berücksichtigen, dafs es sich in dem einen Falle um Derivate des symmetrischen Schwefligsäureäthylesters, im anderen um solche des neutralen Kaliumsulfites handelt.[1])

[1]) Die Konstitution der neutralen Sulfite wurde bekanntlich auf Grund der Streckerschen Reaktion, d. h. der Bildung von Alkylsulfonsäuren beim Erhitzen derselben mit Jodalkylen frühzeitig als asymmetrisch angenommen. Ann. **148**, 90 [1868]. Nun sind aber bekanntlich Konstitutionsbeweise durch Alkylierungen nicht von absoluter Schärfe und es wäre verfehlt, aus dieser Reaktion allein auf die Asymmetrie der neutralen Sulfite schliefsen zu wollen. Über die Konstitution des Schwefligsäurehydrates und der sauren Sulfite sind jedoch in neuerer Zeit auf physikochemischem Wege Untersuchungen angestellt worden, welche deren Asymmetrie sehr wahrscheinlich gemacht

Sodann findet Bamberger, dafs auch das stabile diazobenzolsulfonsaure Kalium nicht den Anforderungen entspreche, die man an eine »Isodiazoverbindung« stellen müsse, nämlich mit alkalischen Phenolen zuerst nicht zu kuppeln, aber nach dem Ansäuern Farbstoff zu geben. Tatsächlich gebe es auch letztere Reaktion nicht. (Vergl. S. 145.) Endlich glaubt Bamberger überraschenderweise, dafs der Farbigkeit des labilen Diazosulfonates keine grofse Bedeutung beizulegen sei und dieselbe sich auch mit der Sulfitformel desselben wohl vereinigen lasse.

Die Reihe seiner Entgegnungen hierauf eröffnet Hantzsch[1]) mit dem Hinweise, dafs die Einwirkung

haben. So besitzt nach Ostwald das Schwefligsäurehydrat weit geringere elektrolytische Dissoziation als Schwefelsäure und verhält sich wie eine einbasische Säure, welche in die Ionen $H \cdot SO_3$ und H gespalten ist. Journ. f. pr. Chem. **32**, 314 [1885]. Vergl. auch Barth Zeitschr. f. phys. Chem. **9**, 176. Wenn nun auch Schwefligsäurehydrat und Bisulfite sicher asymmetrisch sind, so gilt nicht das Gleiche von den neutralen Sulfiten. Nach einer später zu erwähnenden Theorie von Hantzsch kann die schweflige Säure teilweise als Pseudosäure aufgefafst werden:

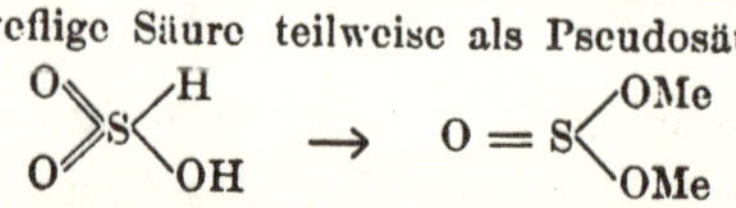

Die neutralen Sulfite können also die symmetrische Formel besitzen. Ihre alkalische Reaktion deutet aber darauf hin, dafs nicht beide Metallatome gleich fest gebunden sind wie etwa im neutralen Kaliumsulfate. Bei der Reaktion dieses Sulfits mit Säurereste enthaltenden Verbindungen wie Diazosäuresalzen kann sich daher unter Abgabe des labiler gebundenen Metalles der unsymmetrische Zustand wieder herstellen, d. h. es können so Diazosulfonate entstehen.

[1]) Ber. **27**, 2099, 3527.

von Kaliumsulfit auf Verbindungen R · OH oder R · X ganz allgemein zu Sulfonsäuren und. nicht zu Sulfiten führt.[1]) Sodann würde die Annahme der Sulfitformel bei der Umlagerung des labilen in das stabile Salz eine starke Atomverschiebung voraussetzen. Endlich entspreche das Verhalten des labilen Salzes nicht jenem eines Doppelsalzes der schwefligen Säure mit Kalium und Diazobenzol nach der Formel:

$$OS\begin{matrix} \diagup OK \\ \diagdown ON_2C_6H_5, \end{matrix}$$

denn es entsteht in *alkalischer* Lösung und ist in derselben *beständig*, eine Eigenschaft, die nur einem Sulfonate zukommen könne, *denn alle echten Diazosalze werden in alkalischer Lösung in Diazotat und die Alkalisalze der betreffenden Säure zerlegt.* Indem sich *Hantzsch* sodann gegen den Versuch *Bambergers*, das labile Diazosulfonat als das Diazosalz einer Mineralsäure hinzustellen und gleichzeitig mit den alkylschwefligsauren Salzen zu vergleichen wendet, führt er aus:

Echte Diazosalze der Mineralsäuren mit der Gruppe $C_6H_5N_2 \cdot O$ seien wahre Salze; der normale Diazokomplex in denselben $(C_6H_5N_2)$ verhalte sich nicht wie ein unbeweglich fixiertes *nicht ionisierbares Alkoholradikal*, sondern wie ein *ionisierbares Metall*; er sei dem Ammonium vergleichbar.

---

[1]) Vergl. *Streckersche* Reaktion, Fufsnote 1 S. 135.

Alkylschwefligsäure aber wie auch Alkylsulfonsäure und Äthylsulfat bezw. Äthylsulfonsäureester seien isomere Ester, also nicht ionisierbare Substanzen bezw. organische Sulfosäuren, deren Alkyl kein Ion ist. Die angebliche Isomerie »Diazosulfat und Diazosulfonat« sei also gar nicht mit Alkoholisomerie vergleichbar. Sie würde eine Isomerie zwischen echten symmetrischen schwefligsauren Doppelsalzen von der Form $NH_4 \cdot O \cdot SO \cdot OR$ und asymmetrischen schwefligsauren Salzen $NH_4 \cdot SO_2 \cdot OK$ zur Voraussetzung machen und diese Isomerie ist noch nicht beobachtet. Mit anderen Worten: Das von Hantzsch zur Darstellung seiner Sulfonate verwendete neutrale Kaliumsulfit ist eine einheitliche Substanz von wahrscheinlich symmetrischer Struktur. Seine alkalische Reaktion läfst jedoch darauf schliefsen, dafs es mit Diazosäuresalzen unter Übergang in die asymmetrische (Pseudo)-form reagiert, d. h. Sulfonate (diazosulfonsaure Salze) liefert:

$$O : S\langle{}^{OK}_{OK} + Cl \cdot N_2\, C_6H_5 \rightarrow \begin{matrix} O: \\ O: \end{matrix} \underset{\underset{OK}{|}}{S} - \overset{\overset{N - C_6H_5}{\|}}{N} + KCl$$

$$\text{bezw.} \quad \begin{matrix} N - C_6H_5 \\ \| \\ N \cdot SO_3K. \end{matrix}$$

Dafs ferner das labile Diazosulfonat Sulfitreaktionen zeigt, ist nicht, wie Bamberger annimmt, ein untrüglicher Beweis dafür, daſs es ein Sulfit ist, da u. a. die Bertagninischen Körper, welche nach Erlenmeyer sen. sicher α-Oxysulfonate

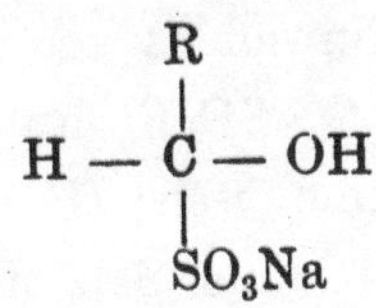

sind, alle Sulfitreaktionen geben.

Auſserdem fand A. Eibner[1]) etwas beständigere Sulfonate, nämlich Anlagerungsprodukte von Bisulfit an Anile, also phenylierte α-Aminosulfonate, z. B.:

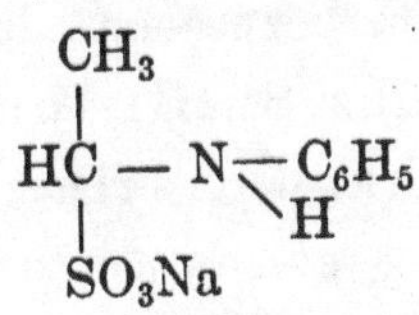

und die aus diesen mittels Mineralsäuren isolierbaren ringförmigen Anhydroaminosulfonsäuren, z. B.:

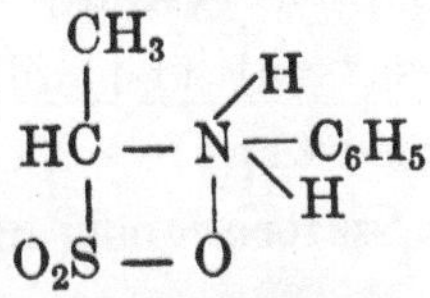

(vergl. Constitution des Taurins und der Sulfanilsäure). Dieselben tragen den Sulfonrest ebenso am Stickstoff wie die Diazosulfonate und sind im freien anhydrischen Zustande sowie als Alkalisalze beständig, zeigen aber trotzdem Sulfitreaktionen und bilden so gewissermaſsen

[1]) Ann. **316**, 89 [1901].

Zwischenglieder zwischen den labilsten Sulfonaten, den Bertagninischen Körpern und den beständigsten, den Alkyl- und Alphylsulfonaten.

Bezüglich des Einwandes von Bamberger, dafs ein Sulfit $C_6H_5N_2 \cdot O \cdot SO_2K$ in alkalischer Lösung bestehen könne, weist Hantzsch nochmals darauf hin, dafs das labile Salz alkalistabil ist, also kein echtes Diazosäuresalz mit der Gruppe $(C_6H_5N_2O)$ sei und daher nicht das Ion $(C_6H_5N_2)$ enthalten könne. Dafs das labile Salz kein Sulfit sei, gehe auch daraus hervor, dafs, wie erwähnt, gewisse Sulfitreaktionen bei ihnen ausbleiben bezw. erst allmählich eintreten; es könne also das Sulfit-Ion SO_3 nicht von vornherein vorhanden sein, sondern werde durch Zerlegung eines anderen Ions, nämlich des Diazosulfonat-Ions $(C_6H_5N_2SO_3)$ erst sekundär geliefert. So geben die labilen o- und p-Diazosulfonate[1]) in der Kälte keine Fällung mit Chlorbaryum; diese tritt erst allmählich beim Erwärmen ein. Bamberger schien übrigens schon damals das labile »Diazosulfonat« nicht als ein »Sulfit« im engsten Sinne zu betrachten, da er es als ein »komplexes Diazobenzolsulfit« bezeichnet.

Im nachfolgenden zeigt indessen Hantzsch auf äufserst elegante und überzeugende Weise auf rein

[1]) Die halogensubstituierten labilen Diazosulfonate sind beträchtlich beständiger als das erste von Hantzsch gefundene labile Diazosulfonat.

elektrochemischem Wege, dafs seine Synsalze in der Tat Sulfonate sind und es wird an diesem und später folgenden Beispielen immer klarer, welche Überlegenheit die neuen Methoden zur Erkennung des Zustandes eines Moleküles in wässeriger Lösung über die älteren rein chemischen besitzen. Zur Orientierung diene zunächst die Tatsache, dafs wahre Sulfonate, d. h. Salze von Sulfonsäuren in wässeriger Lösung nicht das Sulfition SO_3, sondern ein komplexes Ion enthalten, welches sich aus ersterem und einem Kohlenwasserstoff- oder sonstigem Rest zusammensetzt z. B.:

$$CH_3 \cdot SO_3,\ C_6H_5 \cdot SO_3,\ {}^{R_1}_{R_2}{>}N \cdot SO_3.$$

Dieses komplexe Sulfit-Ion zeigt a priori ebenso wenig die Sulfitreaktionen wie etwa das Chlorat-Ion ClO_3 die Chlorreaktion, oder das Ferro- und Ferricyanion die Eisenreaktionen. Das Diazosulfonat-Ion ist also ($C_6H_5N_2 \cdot SO_3$) und kann zunächst keine Sulfitreaktionen zeigen. Auch in der anorganischen Chemie gibt es, wie Hantzsch zeigt, derartige Sulfonate. So fand Barth auf kryoskopischem Wege und mittels der Leitfähigkeit, dafs das sogenannte Quecksilberkaliumsulfit kein Doppelsalz ist, also nicht beide Metalle im Ionenzustande enthält, sondern dafs es das Kaliumsalz der Quecksilbersulfonsäure ist. Er fand nämlich nach beiden Methoden, dafs dieses Salz in wässeriger Lösung nicht fünf Ionen Hg,

$2(SO_3)$, $2(K)$, sondern nur die drei Ionen $(Hg(SO_3)_2$, $2(K)$ enthält. Hiermit stimmt das chemische Verhalten völlig überein indem, solange das Molekül sich intakt befindet, weder schweflige Säure noch Quecksilber direkt nachweisbar sind. Es zeigt sich also auch auf chemischem Wege, dafs hier Hg und SO_3 miteinander zu einem komplexen Ion vereinigt sein müssen. Dieses Salz ist daher weder ein echtes Quecksilberoxydsalz, noch ein wahres schwefligsaures Salz. Auch dieses Salz ist alkalistabil und reagiert neutral. Unter gewissen Umständen aber ist dieses anorganische Ion $Hg(SO_3)_2$ im Vergleiche zu dem organischen Ion $(H_3C \cdot SO_3)$ sehr unbeständig, so z. B. gegen starke Säuren, durch die es in die einfachen Ionen Hg und SO_3 zerfällt; daher verhält es sich in saurer Lösung wie ein wahres Sulfit.

Im weiteren weist nun Hantzsch nach, dafs die Salze der Syndiazobenzolsulfonsäure geradezu die Analoga der quecksilbersulfonsauren sind: Der Syndiazokomplex

$$\begin{array}{r} C_6H_5N \\ \| \\ \leftarrow N \end{array}$$

verhalte sich in denselben wie ein Metall, das mit den Ionen (SO_3) komplexe Ionen $MeSO_3$ von Sulfonsäuren bildet. Beide Salze reagieren neutral, während bekanntlich alle sogenannten neutralen Alkalisulfite alkalisch reagieren. Da nun KCl und

Diazobenzolchlorid neutral reagieren, so müfste ein echtes Diazosulfit alkalisch reagieren oder ein Unikum sein. Wenn ferner Bamberger das labile Diazosulfonat als Sulfit betrachtet, weil es die typischen Sulfitreaktionen liefert, so erinnert Hantzsch nochmals daran, dafs das quecksilbersulfonsaure Kalium sich genau ebenso verhält und dafs demnach diese Tatsache für die Entscheidung der Frage der Konstitution beider Salze ohne jede Bedeutung ist.

Den Beweis der völligen Analogie der labilen und stabilen Diazosulfonate mit dem quecksilbersulfonsauren Kalium von Barth lieferte nun aber Hantzsch, indem er mittels der kryoskopischen Methode[1]) zeigte, dafs sowohl das gelbe als auch das orangefarbige Salz in wässeriger Lösung nicht drei Ionen, sondern nur zwei enthalten, denn das gefundene Molekulargewicht betrug im Mittel sehr annähernd die Hälfte des berechneten (225). Beide Salze sind also in wässeriger Lösung dissoziiert in die Ionen: $(C_6H_5N_2SO_3)$ und K und nicht in (C_6H_5N), SO_3 und K. Das Ion $(C_6H_5N_2 \cdot SO_3)$ nennt Hantzsch das Diazosulfonsäure-Ion. Bezüglich des Einwandes von Bamberger, betreffend die Farbigkeit dieses Ions, verweist Hantzsch auf Ostwalds wichtige Abhandlung über die Farbe der Ionen, nach welcher

---

[1]) Mittels der Formel: $\frac{\text{berechnetes Mol.-Gew.}}{\text{gefundenes Mol.-Gew.}} = \text{Ionenzahl.}$

die Farbe von Salzlösungen im wesentlichen die Farbe der in ihnen enthaltenen Ionen ist.

Mit Recht fügt Hantzsch weiter an, dafs Bamberger bei den meisten seiner Einwürfe, so auch bezüglich des Vergleiches der isomeren Diazosalze mit Estern etc., den fundamentalen Unterschied zwischen ionisierbaren und nicht ionisierbaren Stoffen zu übersehen scheine. Auch der Vergleich von Diazoaminoverbindungen mit diazosulfonsauren Salzen bezüglich der Farbe sei unstatthaft, da es sich im ersten Falle um nicht ionisierbare, im letzteren um ionisierbare Verbindungen handle. Endlich hebt Hantzsch noch einmal hervor, dafs die Sulfitformel $C_6H_5N_2 \cdot O \cdot SO_3K$ für das labile Sulfonat dieses in die gleiche Reihe mit den wahren Diazosäuresalzen z. B. $C_6H_5N_2 \cdot O \cdot SO_2 \cdot OH$ oder $C_6H_5N_2 \cdot O \cdot NO_2$ stellen würde, ohne dagegen auszudrücken, warum dieses Salz sich in Lösung in Bezug auf Farbe und Ionisation ganz anders verhält als diese wahren Diazosalze der Mineralsäuren, nämlich orangegelb ist, während diese farblos sind und die Ionen $(C_6H_5N_2SO_3)$ und K besitzt, während jene die Ionen $(C_6H_5N_2)$ und Säureion besitzen.

Es erscheint, wie erwähnt, auffallend, dafs Bamberger der Tatsache der starken Farbigkeit beider Diazosulfonate gar keine Beachtung schenkt und dieses in einer Körperklasse, in der Farbigkeit oder Nichtfarbigkeit der Verbindungen von ganz eminent konstitutioneller Bedeutung ist. Mit dieser Anschauung hängt es auch zusammen, dafs Bamberger sich gegen die Auffassung dieser Verbindungen als Azokörper wendete. In dieser Beziehung führt Hantzsch etwa folgendes aus:

Die farbige Natur beider Salze sei nicht nur mit der Sulfonsäureformel vereinbar, sondern ihre Farbe werde geradezu nur durch diese erklärt, da sie sich eben durch dieselbe in ihrer Zusammensetzung den wahren gefärbten Azoverbindungen anschlössen:

sämtlich farbig	$C_6H_5 \cdot N = N \cdot C_6H_5$	echte aromatische Azoverbindungen,
	$C_6H_5 \cdot N = N \cdot C <$	gemischte Azoverbindungen,
	$C_6H_5 \cdot N = N \cdot SO_3Me$	Diazosulfonate.

Besäfse das labile Diazosulfonat aber die Sulfitformel $C_6H_5N : N \cdot OSO_2K$, so müfste es, wie gesagt, gleich allen Diazosäuresalzen farblos sein.

Es ist noch auf den schon S. 136 erwähnten Einwand Bambergers hinzuweisen, dahingehend, dafs auch das stabile diazobenzolsulfonsaure Kali (Antisalz) bezüglich seiner Konstitution noch nicht feststehe, denn es sei keine Isodiazoverbindung, weil es die typische Reaktion der Isodiazoverbindungen, für sich nicht zu kuppeln, nach dem Ansäuern mit Mineralsäuren aber Farbstoff zu geben, nicht zeige. Es gebe nämlich auch im letzteren Falle keinen Farbstoff.

Hiergegen könnte man einwenden, dafs dieses Verhalten ganz natürlich sei, da dieses Sulfonat doch selbst schon Azoverbindung, um nicht zu sagen Azofarbstoff ist, und dafs das Kuppeln des labilen Sulfonates nur darin seinen Grund hat, dafs es sozusagen eine der labilsten Azoverbindungen ist, die es gibt und daher den Komplex — SO_3K, welcher kein passender Vertreter für C oder gar für — $C_6H_4 \cdot X$ ist, leicht gegen einen aromatischen Rest austauscht. Es hat indes Hantzsch die Unrichtigkeit der Annahme Bambergers in viel treffenderer Weise dargetan, indem er darauf hinweist, dafs hier eine Verwechslung zwischen den scharf zu trennenden Begriffen »Isodiazoverbindungen« und Isodiazohydrate«, also eine Art von unberechtigter Verallgemeinerung vorliege. Die Isodiazoverbindungen als Gesamtklasse zeichnen sich nämlich dadurch aus, dafs sie die typischen Reaktionen der wahren Diazoverbindungen nicht zeigen. Die »Isodiazo**hydrate**« allein aber zeigen aufser den allgemeinen ihnen zukommenden Eigenschaften noch die spezielle, für sich nicht zu kuppeln, nach dem Ansäuern aber in normale kuppelnde Diazoverbindungen überzugehen. Verlange man diese Reaktion auch a priori von den Antidiazosulfonaten, so liege eben hierin die erwähnte unberechtigte Verallgemeinerung. Isodiazo**hydrate** gehen deshalb beim Ansäuern in normale kuppelnde Diazoverbindungen über, weil sie hierbei das stark positive normale Diazoion ($C_6H_5N_2$)[1]) zu bilden vermögen, während sie als Hydrate das Ion (C_6H_5NO) besitzen. Die Iso- oder Antidiazosulfonsäuren dagegen bilden das negative Ion ($C_6H_5 \cdot N_2 \cdot SO_3$), welches erst zerlegt werden müfste, um kuppeln zu können. Die Analogie zwischen diesen beiden Klassen von Diazoverbindungen, den Diazohydraten und Sulfonaten sei also trotz der genannten Verschiedenheit[2]) vorhanden und könne im folgenden Bilde ausgedrückt werden:

$$\begin{array}{ccc} C_6H_5 \cdot N & & C_6H_5N \\ \| & \text{und} & \| \\ HO \cdot N & & KO_3S \cdot N \\ \text{Echtes Diazohydrat} & & \text{labiles Sulfonat} \end{array}$$

Syndiazoverbindungen

$$\begin{array}{ccc} C_6H_5 \cdot N & & C_6H_5N \\ \| & \text{und} & \| \\ N \cdot OH & & N \cdot SO_3K \\ \text{Isodiazohydrat} & & \text{stabiles Sulfonat} \end{array}$$

Antidiazoverbindungen.

Die Verschiedenheit des labilen und stabilen Sulfonates voneinander beruht also nach Hantzsch nicht auf strukturellen Verschiedenheiten, sondern im Unterschiede der Konfiguration und der dadurch

[1]) Jetzt Diazonium genannt (siehe S. 157).

[2]) Isodiazohydrat hat das Ion $C_6H_5N_2 \cdot O$, in saurer Lösung leicht übergehend in das Ion $C_6H_5N_2$, daher kuppelnd; Isodiazosulfonat hat das Ion $C_6H_5N_2 \cdot SO_3$, in saurer Lösung beständig, daher nicht kuppelnd.

bedingten Eigenschaften. Der Syndiazokomplex sei metallähnlich:

$$\begin{array}{rcl} C_6H_5 - N & & .\,K \\ \| & \text{ähnlich} & | \\ KO_3S - N & & KO_3S, \end{array}$$

der Antidiazokomplex dagegen metalloïdähnlich:

$$\begin{array}{lcc} C_6H_5 - N & & \text{V} \\ \quad\quad\;\; \| & \text{ähnlich} & N \\ \quad\quad\;\; N \cdot SO_3K & & | \\ & & SO_3K, \end{array}$$

durch Umlagerung des orangegelben in das hellgelbe Salz:

$$\begin{array}{rcl} C_6H_5N & & C_6H_5 - N \\ \| & \rightarrow & \quad\quad\;\; \| \\ KO_3S \cdot N & & \quad\quad\;\; N \cdot SO_3K \end{array}$$

werde aus der »Metallsulfosäure« eine »Metalloidsulfosäure« vom Charakter der Stickstoffsulfonsäuren z. B. der Aminosulfonsäuren oder Hydroxylaminsulfonsäuren, welche auch im freien Zustande erhalten werden können und durch Jod, Permanganat etc. nicht oder nur schwierig angegriffen werden, ebenso wie die aus dem stabilen Sulfonate isolierbare Säure.

Am Schlusse dieser Betrachtungen ist hervorzuheben, dafs Hantzsch auf Grund der angeführten Beweise die Annahme der Stereoisomerie der Diazosulfonate in vollem Umfange aufrecht erhält.

Die von Bamberger und Blomstrand später nach dem Vorgange von V. Meyer-Jacobson für das labile Diazosulfonat angenommene Formel kann erst im Anschlusse an die Seite 157 erörterte Diazoniumtheorie der Diazosäuresalze diskutiert werden.

2. Stereoisomere Diazocyanide.

Im Jahre 1895 fanden Hantzsch und Schulze[1]) bei der Einwirkung von Cyankalium auf p-Chlor- bezw. p-Nitrodiazobenzolchloridlösung bei gew. bezw. niedriger Temperatur je eine stabile und eine labile Form der betreffenden substituierten Diazocyanide. Diese Verbindungen sind echte Cyanide, keine Isocyanide, auch keine blausauren Salze. Sie besitzen die Strukturformel $R \cdot N_2 \cdot C \vdots N$ und zeigen in ihren physikalischen Eigenschaften grofse Ähnlichkeit. Beide sind farbige, kristallisierte, in Wasser so gut wie unlösliche, also nicht ionisierbare echte organische Cyanverbindungen, die mit den farblosen, in Wasser löslichen ionisierbaren Diazosäuresalzen nicht zu verwechseln sind. Die niedrig schmelzenden Isomeren sind labil, die hochschmelzenden stabil. Die Umwandlung der ersteren in letztere erfolgt langsam schon in festem Zustande, rasch in alkoholischer Lösung. Da die isomeren Diazocyanide die Gruppe $C \cdot N : N \cdot C$ enthalten, so bieten sie auch die ersten Beispiele von stereoisomeren Azoverbindungen, bezw. sie sind in viel höherem Grade Azoverbindungen als die stereoisomeren Diazosulfonate, da sie

[1]) Ber. **28**, 666 [1895].

zu beiden Seiten der Diazogruppe Kohlenstoff tragen. Die labilen von diesen Cyaniden zerfallen durch intramolekulare Zersetzung in Stickstoff und Benzolnitril; eine Reaktion, welche jener der Synaldoxime analog ist. Nur diese Cyanide kuppeln direkt und sind explosiv. Es gehören daher nach Hantzsch die labilen Diazocyanide der Synreihe, die stabilen der Antireihe an.

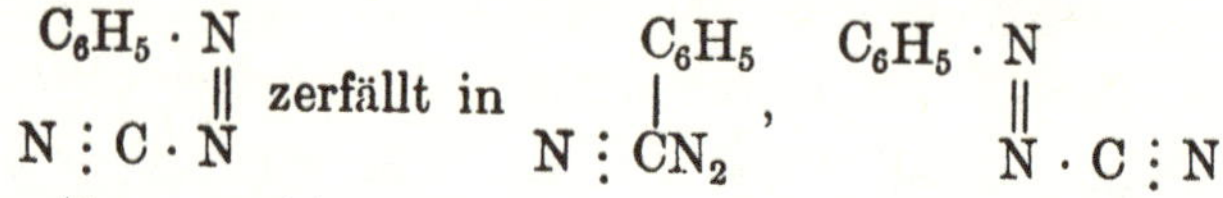

Syndiazocyanid
Syn-p-Chlordiazobenzolcyanid; gelbe Nadeln; Schmelzpunkt 29°.
Syn-p-Nitrodiazobenzolcyanid; gelbbrauner, mikrokrist.; Schmelzpunkt 28—29°.

Antidiazocyanid.
Anti-diazobenzolcyanid, gelbe Nadeln; Schmelzpunkt 105—106°.
Anti-p-Nitrodiazobenzolcyanid; feuerrote Nadeln; Schmelzpunkt 86°.

Da die Syndiazocyanide mit Phenolen in alkoholischer Lösung auch ohne Anwesenheit von Alkali Farbstoffe zu bilden im stande sind, weist Hantzsch auch hier darauf hin, dafs die Ansicht von Bamberger, wonach die Bindung für die Kupplungsfähigkeit einer Diazoverbindung das Vorhandensein einer Hydroxylgruppe sei, und daher bei den Isodiazotaten nicht eintreffen könne, weil sie Nitrosamine seien, nicht richtig sein könne.

Gegen die Auffassung der isomeren Diazocyanide als stereoisomere Verbindungen läſst sich von vornherein weit weniger einwenden als gegen die stereoisomeren Diazosulfonate, da die wahre Cyangruppe, um die es sich hier handelt, nur eine eindeutige Bindestelle besitzt:

$$-\mathrm{C} \vdots \mathrm{N},$$

während die Gruppe SO_3R, wie wir sahen, je nach Auffassung ihrer Konstitution als $-SO_3K$ oder als $-O-SO_2K$ reagierend gedacht werden könnte.

Die Widerlegung der von Bamberger und Blomstrand befürworteten Ammoniumformel des labilen Diazocyanides, durch deren Annahme auch diese Isomerie zur Strukturisomerie gestempelt werden sollte, sowie die weiteren Untersuchungen von Hantzsch über Diazocyanide können erst nach Betrachtung der Diazoniumformel der Salze des Diazobenzols mit Mineralsäuren erfolgen.

Aus den angeführten zwei Paaren von stereoisomeren Diazoverbindungen ist ersichtlich, daſs Hantzsch in der Tat Beweise für die Haltbarkeit seiner Hypothese erbracht hat. Später fügte Hantzsch auf physikalisch-chemischem Wege strenge Beweise auch für die Stereoisomerie der Diazometallsalze hinzu. Ein vermeintliches Beispiel von Stereoisomerie bei Diazothiosulfonaten wird später erwähnt werden.

Constitution der Salze des Diazobenzols mit Mineralsäuren.

Wiederaufnahme der Blomstrandschen Formel für diese Salze durch Bamberger; Widerlegung der entsprechenden Formel von Kekulé 1895.

Die von Blomstrand im Jahre 1869 aufgestellte Formel für die Salze des Diazobenzols mit Mineralsäuren hatte, wie bekannt, hauptsächlich infolge der Angriffe E. Fischers (siehe S. 50) im Laufe der Zeit der älteren Kekuléschen weichen müssen und war nachher längere Zeit fast völlig unberücksichtigt geblieben. Als Bamberger und Hantzsch das Studium der Diazoverbindungen begannen, formulierten beide diese Salze nach dem Schema von Kekulé. Es ist das Verdienst Bambergers, auf erstere Formel wieder aufmerksam gemacht zu haben. Gegen Ende 1895 bemerkt dieser Forscher anknüpfend an die mehrmals erwähnte Anschauung, dafs das Radikal ($C_6H_5N_2$) nur in den Salzen des Diazobenzols mit Mineralsäuren positiv[1]) ist, mit dieser Annahme stehe im Einklang, dafs, wie er fand, Diazobenzolchlorid in wässeriger Lösung nicht, wie Griefs[2]) angab, sauer,

[1]) Ber. **27**, 3417 [1894].

[2]) Ann. **137**, 195 [1866]. Tröger und Goers, Journ. f. prakt. Chem. **62**, 369 [1899], vergl. Hantzsch und Dybowski Ber. **35**, 268 [1902]. Die Bildung des labilen Diazosulfonates und

sondern neutral reagiert und daher nicht hydrolytisch gespalten ist. Sogar negativ substituierte Diazosäuresalze reagieren noch neutral. Das Radikal $(C_6H_5N_2)$ sei in diesen Salzen also positiver als man ursprünglich annahm. Aus diesem Grunde dürfe das Symbol Alph · N ⋮ N · R[1]) mit zwei fünfwertigen Stickstoffatomen als Formel für diese Salze immerhin der Erwägung wert sein. Es mag hier bemerkt werden, daſs Bamberger diese Formel später selbst aufgab. So drückt er sich in einer folgenden Abhandlung dahin aus, daſs in den Diazosäuresalzen nur das mit dem negativen Ion verbundene Stickstoffatom fünfwertig

---

seines Überganges in das stabile Salz soll nach V. Meyer und Jacobsen in folgender Weise vor sich gehen:

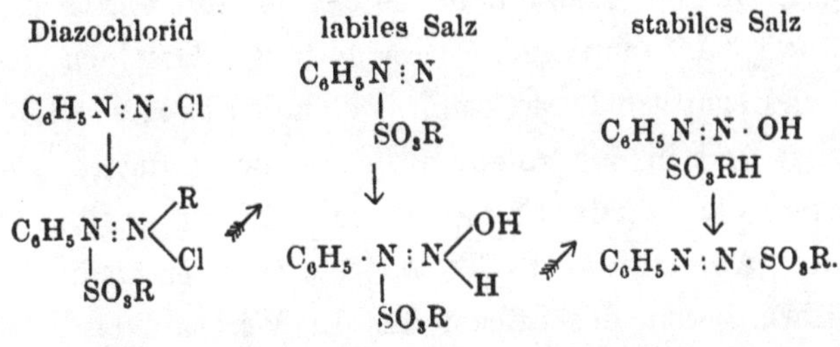

Hiernach erfolgt zuerst eine Anlagerung von Kaliumsulfit an das Diazochlorid, dann eine solche von Wasser und Abspaltung von Kaliumhydrosulfit und endlich wieder Anlagerung des letzteren. Diese Annahmen erscheinen nach Hantzsch zu gewagt, um ernstlich erwogen zu werden. Ber. **28**, 678 [1895].

[1]) Bamberger benannte früher aromatische Radikale mit dem an »Phenyl« erinnernden Worte »Alphyl« = Alph, im Gegensatz zu Alkyl. Später nannte er erstere Arryle = Ar.

sei, das zweite dreiwertig und kehrt somit zur Blomstrandschen Formel:

$$\begin{array}{c}\text{Alph}\cdot\text{N}\vdots\text{N}\\ \phantom{\text{Alph}\cdot}| \phantom{\vdots\text{N}}\\ \phantom{\text{Alph}\cdot}\text{X}\phantom{\vdots\text{N}}\end{array}$$

zurück.

Ungefähr gleichzeitig stellten V. Meyer und P. Jacobson[1]) in ihrem Lehrbuche der organischen Chemie nicht nur für die Diazosäuresalze, sondern auch für die labilen Diazosulfonate und -Cyanide von Hantzsch die Blomstrandsche Formel auf. Es wird hierauf noch zurückzukommen sein. In einer »Zur Theorie der Diazoverbindungen«[2]) betitelten Abhandlung weist Bamberger treffend darauf hin, dafs in diesen Salzen der mit dem negativen Ion verbundene Stickstoff fünfwertig sein müsse, da man keine Verbindung desselben mit einem negativen Reste kennt, welche Salzcharakter besitzt und in der trotzdem dieses Stickstoffatom dreiwertig wäre. Die Fähigkeit zur Bildung metallähnlicher (Ammonium)-Radikale trete also erst mit der Fünfwertigkeit des Stickstoffes in Wirksamkeit. Die bisherige Formel von Kekulé stehe im Widerspruche mit der Erfahrung, da sie zwei dreiwertige Stickstoffatome voraussetze. Für die nicht ionisierbaren Diazoester, die Diazoamino- und Azoverbindungen etc., liege dagegen keine Veranlassung vor, fünfwertigen Stick-

[1]) Ber. **28**, 225, 242 [1895].
[2]) Ber. **28**, 444 [1895].

stoff anzunehmen. Hiermit sprach Bamberger aus, was schon früher Blomstrand hervorgehoben hatte, dafs ein strenger Unterschied zwischen den Salzen des Diazobenzols mit Mineralsäuren einerseits und den übrigen Diazoverbindungen mit azoähnlicher Struktur zu machen sei und es bedeuten die Erkenntnis dieses Unterschiedes und die hierauf gegründeten weiteren Untersuchungen einen eminenten Fortschritt auf diesem Gebiete.

Bamberger erklärt in der zitierten Abhandlung, nunmehr die Blomstrandsche Formel:

$$\underset{\displaystyle \mathrm{X}}{\overset{}{C_6H_5N}} \vdots N, \text{ worin } X = Cl,\ NO_3,\ SO_4H,$$

ausschliefslich gebrauchen zu wollen.

Das Radikal ($C_6H_5N_2$) tritt, wie aus dem Erwähnten schon hervorgeht, nach Bamberger in zwei strukturisomeren Formen auf, welche von ihm als:

$$(C_6H_5\overset{\mathrm{v}}{N} \vdots N) \qquad \text{und} \qquad C_6H_5 \cdot N : N)$$

Phenylazonium Phenylazo

bezeichnet werden.

Im Phenylazonium [der Name deutet die Ammoniumbindung des α-Stickstoffatoms an[1])] ist das erste Stickstoffatom fünfwertig, das zweite (β) dreiwertig. Das Radikal selbst ist, wie der Name andeutet,

[1]) Blomstrand bezeichnet in den Diazoverbindungen den vom Amin herrührenden Stickstoff mit α, den zweiten mit β.

elektropositiv und als Ion abspaltbar. Es findet sich in den Salzen des Diazobenzols mit Mineralsäuren, in welchen die Fünfwertigkeit des α-Stickstoffatoms durch die Negativität des mit ihm verbundenen Säureradikales bedingt ist, gerade so wie im Salmiak dieselbe Eigenschaft des Stickstoffes auf der Anwesenheit des negativen Chloratoms[1]) beruht:

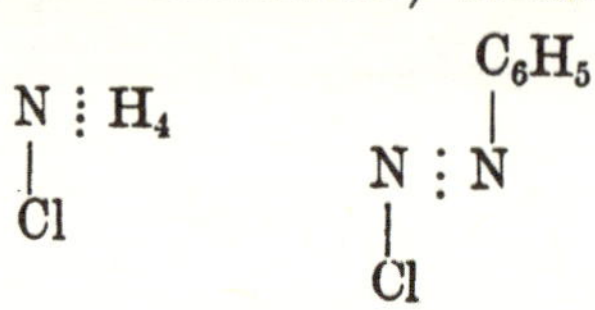

Wird in den Diazosäuresalzen das die Fünfwertigkeit des primären Stickstoffes bedingende negative Radikal durch ein weniger saures oder basisches ersetzt, so wird der Fünfwertigkeit des Stickstoffes die Stütze entzogen und mit dem Valenzwechsel findet die Umwandlung von Phenylazonium in Phenylazo statt, z. B.:

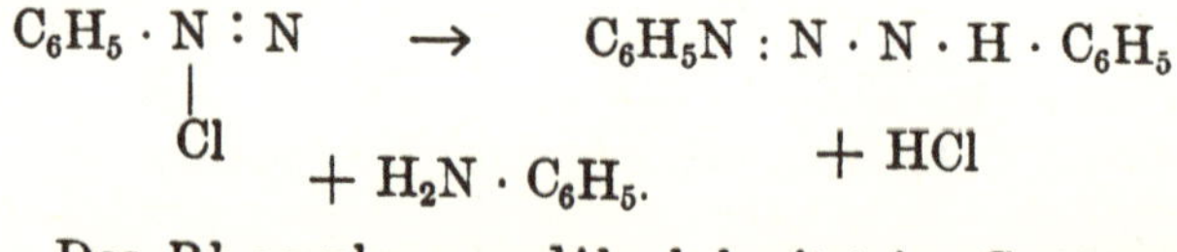

Das Phenylazoradikal besitzt im Gegensatze zum Phenylazonium keine Ioneneigenschaften; es ist wegen des Vorhandenseins der Atomgruppe $(N = N)$ (vergl. Stickstoffwasserstoffsäure 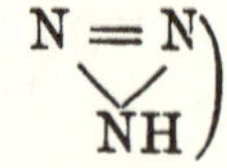

[1]) Nicht ganz genau ausgedrückt, da obiges auch in den Stickstoffchlorimiden der Fall ist.

elektronegativer Natur. Der metallähnliche Charakter des Phenylazoniums beruhe demnach auf der Fünfwertigkeit des einen Stickstoffatoms und verschwinde mit derselben.

Die von Bamberger und Blomstrand unternommenen Versuche, die Eigenschaften der labilen Diazosulfonate und Diazocyanide von Hantzsch sowie der normalen Diazotate mittels der Phenylazoniumformel zu erklären, werden später behandelt.

Diazoniumtheorie von Hantzsch.

Man durfte gespannt sein, zu erfahren, wie sich Hantzsch, der Vertreter der stereo- und physikalisch-chemischen Richtung in der Diazofrage, zu den Ansichten Bambergers über die Constitution der Diazosäuresalze stellen würde. Wir erinnern uns, daſs Hantzsch ursprünglich alle Salze des Diazobenzols mit Mineralsäuren wegen ihrer Kupplungsfähigkeit, ihres intramolekularen Zerfalles etc., als Syndiazoverbindungen betrachtete. Diese Salze standen also neben den analog reagierenden Diazohydraten, Sulfonaten, Cyaniden und Metallsalzen in der Synreihe. Die Annahme der Ammoniumformel für die Diazosäuresalze bedeutete für Hantzsch wohl zunächst eine teilweise Zerstörung seines Systems der stereoisomeren Diazoverbindungen und machte eine Neueinteilung derselben notwendig. Hierdurch mag es sich u. a. etwa erklären, daſs Hantzsch, obwohl schon seit längerer Zeit physikalisch-chemische Daten über die Diazosäuresalze vorlagen, sich nicht sogleich den Ansichten Bambergers vollständig anschlofs. Doch stimmte er in dem Punkte alsbald mit diesem überein, dafs Diazobenzolchlorid in wässeriger Lösung nicht auf die Kekulésche Formel bezogen werden könne, nach welcher es kein wahres Salz, sondern ein Derivat des Chlorstickstoffs und als solches im Wasser unlöslich und wahrscheinlich auch gefärbt sein mufste. Für die Diazosalze im festen Zustande dagegen nahm Hantzsch anfangs noch die Kekulésche Formel an und zeigte später, dafs dieselbe noch für gewisse Fälle Geltung besitzt. Allgemein scheinen sich nach Hantzsch die typischen Zersetzungen der Diazosäuresalze nach dem Schema:

$$C_6H_5 \cdot \underset{N}{\overset{N}{\|\|}} \cdot X = C_6H_5X + \underset{N}{\overset{N}{\|\|}}$$

schwerer erklären zu lassen als nach dem von Kekulé.

Übrigens deuten gewisse Eigenschaften halogensubstituierter Diazosäuresalze nach Hantzsch darauf hin, dafs diese Verbindungen im festen Zustande keine Ammoniumsalze sind. So ist das feste Dijoddiazobenzolchlorid zitronengelb, gelöst dagegen farblos und von neutraler Reaktion. Noch merkwürdiger verhält sich das Dijoddiazobenzoljodid, welches als blutroter Niederschlag erhalten wird. Es scheint nach den Angaben nicht in Wasser löslich zu sein und geht rasch unter Stickstoffentwicklung in Trijodbenzol über. Nach diesem Verhalten dürfte dieses Diazohaloid in der Tat ein komplizierter Jodstickstoff sein.[1])

Die Umwandlung der festen Diazosalze beim Lösen in Wasser formulierte Hantzsch zunächst durch Annahme von Hydratisation und Abdissoziieren des Halogens etwa in folgender Weise:

$$\begin{array}{r} C_6H_5N \\ \| \\ Cl \cdot N \end{array} \rightarrow \begin{array}{r} C_6H_5N \\ \| \\ Cl \cdot (H_2O)N \end{array} \rightarrow \begin{array}{c} C_6H_5 \cdot N \\ \| \\ HO \cdot N \cdot HCl \end{array}$$

(Vergl. Formel von Walther, Journ. f. pr. Chem. **51,** 1528.) Das Diazobenzolchlorid erscheint demnach in wässeriger Lösung als salzsaures Syndiazobenzolhydrat. Durch weitere Umwandlung desselben könnten sodann die dem Blomstrandschen Chloride entsprechenden Ionen

$$\begin{array}{r} C_6H_5N \\ \| \! | \\ N \end{array} \text{ und } Cl$$

gebildet werden. — Wenige Monate später hatte Hantzsch die Ammoniumformel der Diazosäuresalze nicht nur angenommen, sondern ihre Richtigkeit exakt bewiesen.

---

[1]) Es mag hier nochmals daran erinnert werden, dafs, wie schon Griefs fand, die wässerigen Lösungen halogensubstituierter Diazosäuresalze sogar beim Erwärmen beständig sind.

Diese Formel war s. Z. aus der Bildungsweise dieser Salze aus Anilinsalzen abgeleitet und durch einige ihrer Eigenschaften, wie Wasserlöslichkeit, Unlöslichkeit in Äther, Bildung von Platin- und Golddoppelsalzen etc. gestützt, aber nicht bewiesen worden. Es wurde schon gelegentlich der Besprechung der stereoisomeren Diazosulfonate erwähnt, welch wichtigen Dienst dort die neueren Methoden der Molekulargewichts- und Leitfähigkeitsbestimmung leisteten; die Frage der Constitution der Salze des Diazobenzols mit Mineralsäuren konnte auf keine Weise exakter bewiesen werden, als durch die genannten Methoden. Schon im Jahre 1890 fand Goldschmidt, dafs m-Nitrodiazobenzolchlorid, p-Nitrodiazobenzolchlorid, sowie Diazobenzolchlorid selbst in stark verdünnter wässeriger Lösung weitgehend elektrolytisch dissoziiert sind.[1]) Die Bestimmung des Molekulargewichtes nach der kryoskopischen Methode ergab nämlich bei allen diesen Salzen die Hälfte des berechneten. Sie sind daher in verdünnten wässerigen Lösungen in zwei Ionen gespalten, wie die meisten in Wasser löslichen binären Salze der Metalle. Goldschmidt zog jedoch aus dieser Tatsache keine weiteren Schlüsse auf die Zusammensetzung dieser Salze. Den nächsten Fortschritt auf diesem Gebiete bezeichnet die erwähnte Entdeckung

[1]) Diese Salze sind also nur elektrolytisch, nicht aber hydrolytisch zerlegt. Auch in alkoholischen Lösungen sind sie, wie Hantzsch fand, ionisiert, geradeso wie die in Alkohol löslichen Alkalisalze. Ber. **31**, 1612 [1898].

Bambergers der neutralen Reaktion wässeriger Diazoniumsalzlösungen. Diese Tatsache deutet, zusammen mit dem kryoskopischen Verhalten dieser Salze, darauf hin, dafs sie denen des Kaliums oder besser Ammoniums vergleichbar sind.

Die völlige Parallele der Diazosäuresalze mit diesen neutralen Alkalisalzen ist aber erst durch Hantzsch auf Grund der Untersuchung ihrer elektrischen Leitfähigkeit etc. hergestellt. Es ergeben die Untersuchungen des Diazobenzolchlorides, -bromides und Nitrates, ferner des p-Bromdiazobenzolbromids und des Trichlordiazobenzolchlorids, dafs diese Salze in wässerigen Lösungen fast ebenso stark dissoziiert sind wie die Alkalisalze. Der Dissoziationsgrad ist schon bei mäfsiger Verdünnung vom Grenzwerte nur um einige Einheiten entfernt. Die Leitfähigkeit von v_{32} bis v_{1024} beträgt beim Chlorid 5,4 bezw. 4,9, beim Bromid 4,7, beim Nitrat 6,7 Einheiten und kommt so dem analogen Werte für Chlorkalium bei 0° von 7,9 nahe. Beim p-Bromdiazobenzolbromid betrug die Zunahme von v_{32} bis v_{1024} bei 1° 6,3 bezw. 7,1 Einheiten, d. h. fast dieselbe wie bei Bromkalium; beim Trichlordiazobenzolchlorid betrug sie bei 25° 8,2 Einheiten; für Chlorammonium ist sie 9,4 Einheiten.

Die Salze des Diazobenzols mit Mineralsäuren verhalten sich also nach Hantzsch in Lösung in der Tat so wie Kalium- oder richtiger wie Ammoniumsalze. Das Radikal ($C_6H_5N_2$) der Diazosäuresalze dürfe daher nicht mit einem Metalle wie Blei, Zink, Zinn etc. verglichen werden, dessen Hydrat auch alkalilöslich, also zugleich Base und auch Säure sei. Denn einmal reagieren seine Salze mit Mineralsäuren neutral, die des Bleis etc. aber sauer; daher ist das Blei eine schwächere Base als

$$\left\{ \begin{array}{c} C_6H_5N_2. \\ ||| \\ N \end{array} \right\};$$

anderseits sind die Alkalisalze jener Metallbasen meist so unbeständig, daſs sie nicht in fester Form erhalten werden können, die Diazometallsalze dagegen relativ, zum Teil sogar sehr beständig. Es reagiere also einerseits das Radikal

$$\begin{array}{c} C_6H_5N \\ ||| \\ N \end{array}$$

viel stärker positiv als Blei etc., anderseits das Radikal ($C_6H_5N : N$) viel stärker negativ als jene Schwermetalle unter gleichen Bedingungen. Genannter Vergleich sei also nach beiden Richtungen hin unzulässig. Entsprechend dem Alkalicharakter des Azoammoniums fand Hantzsch sogar ein Karbonat[1]) des Diazobenzols. Durch Einwirkung der äquivalenten Menge von Silberkarbonat auf eine Lösung von Diazobenzolchlorid etc. erhielt er nämlich farblose alkalisch reagierende Lösungen, welche zufolge von Kohlensäurebestimmungen an Stelle des Halogens das Ion (CO_3) besitzen und vorwiegend elektrolytisch, aber auch

[1]) A. Hantzsch und Danziger Ber. **30**, 2530, Ann. [1897].

hydrolytisch gespalten sind. Hantzsch macht auch weiter darauf aufmerksam, dafs die Fähigkeit der Diazosäuresalze, mit Platinchlorid etc. Doppelsalze zu liefern, nunmehr ihre Erklärung gefunden habe und fügt seinerseits diesen noch ein Kobaltnitritdoppelsalz des Diazobenzols hinzu, das dem Kaliumkobaltnitrit analog ist. Die Bildung der Diazoniumsalze beruht nach Hantzsch auf der Umwandlung von Aniliniumionen durch undissoziierte salpetrige Säure in Diazoniumionen:

$$C_6H_5 \cdot \underset{\underset{Cl}{|}}{N}\begin{smallmatrix} \diagup H \\ - H \\ \diagdown H \end{smallmatrix} + O_2N \cdot H \rightarrow C_6H_5\underset{\underset{Cl}{|}}{N} \vdots N + H_2O.$$

Auf Grund der angeführten Untersuchungen über die Diazosäuresalze stellte Hantzsch folgende Sätze auf:

I. Die bisher als normale Diazokörper (Synverbindungen) angesehenen Substanzen sind in zwei gänzlich voneinander verschiedene Gruppen zu trennen. Diese unterscheiden sich durch die verschiedene Constitution des Diazorestes ($C_6H_5N_2$) voneinander. Man kennt:

1. Gruppe: Die Salze des Diazobenzols mit Sauerstoffsäuren.[1]) Sie sind ammoniumähnlich constituiert und enthalten das Radikal $C_6H_5\underset{|}{N} \equiv N$, welches die Eigenschaften eines »zusammengesetzten Alkalimetalles« besitzt und deshalb Diazonium genannt wird. Seine Verbindungen mit Säureresten

[1]) und bedingungsweise auch mit Halogenwasserstoffsäuren.

heiſsen Diazoniumsalze, z. B. Diazobenzolnitrat = Benzoldiazoniumnitrat.

Isomerien kommen in dieser Gruppe nicht vor.

2. Gruppe: Dieselbe enthält die Metallsalze, Sulfosäuren, Cyanide etc. des Diazobenzols in der normalen oder Synkonfiguration. Diese Verbindungen enthalten zum Unterschiede von den Diazoniumsalzen das negative Radikal-»Diazo« $C_6H_5N = N$ —. Für sie ist der Name Diazoverbindungen beizubehalten. Zur gleichen Gruppe gehören die Iso- oder Antidiazoverbindungen. Isomerie kommt nur in dieser Gruppe vor und ist räumlicher Natur. Die Verbindungen der labilen Reihe sind die Syn-, die der stabilen die Antidiazoverbindungen.

II. Die ringförmigen, durch Anhydridisierung gebildeten Diazoverbindungen bestehen, wie die offenen, in zwei Gruppen:

1. Als innere Diazoniumsalze, welche den Betaïnen gleichen. Hierher gehört die sog. Diazosulfanilsäure.

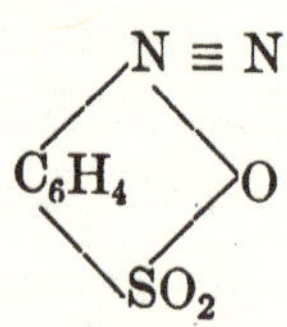

[1]

Benzoldiazoniumsulfosäure

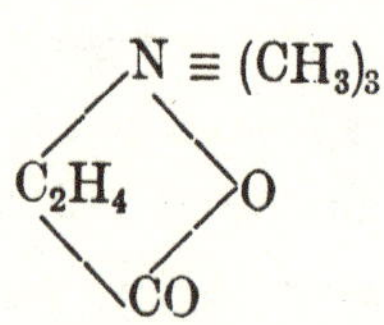

Betaïn.

[1]) Über die erstmalige Aufstellung dieser Formel siehe Strecker, Ber. 4, 786 [1876].

Dafs die freie Diazosulfanilsäure keine Diazoverbindung von der Form:

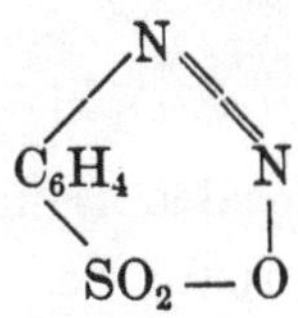

ist, sondern dem Diazoniumtypus angehört, zeigt Hantzsch in einer späteren Abhandlung durch den Hinweis, dafs dieser Typus die in sauren Lösungen allein mögliche Atomgruppierung darstellt. Derselbe werde sich daher auch bei denjenigen Benzolderivaten herstellen, die im Molekül schon saure Gruppen enthalten, sobald diese nicht durch Alkali abgesättigt sind. Es zeige in der Tat nicht nur die Diazosulfanilsäure, sondern auch Ortho- und Metadiazosulfanilsäure, sowie die freie Diazoanthranilsäure und die Sulfanilsäure selbst (Nietzki) ganz die Eigenschaften der dem Taurin oder Glykokoll analogen inneren Salze. Diese farblosen Verbindungen sind in Wasser, nicht aber in Äther löslich, eine Eigenschaft der meisten mineralsauren Salze organischer Basen und reagieren im reinen Zustande völlig neutral. Wegen dieser Tatsachen und hauptsächlich wegen der Nichtacylierbarkeit im freien Zustande gab schon Nietzki[1]) der Sulfanilsäure die an Taurin erinnernde Formel:

---

[1]) Nietzki und Benckiser: Ber. 17, 707 [1884].

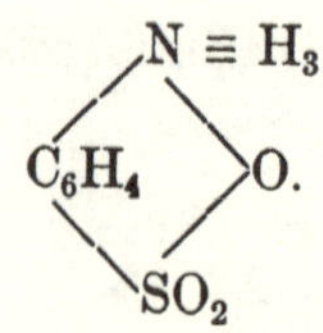

Da aufserdem die Diazosulfanilsäure, wie Hantzsch[1]) fand, in wässeriger Lösung das normale Molekulargewicht zeigte, so kann auch sie nur ein inneres Salz sein, d. h. sie mufs die obige Diazoniumformel besitzen.

2. Als Anhydride vom Syndiazotypus, also ringförmige Syndiazooxyde, welche den Azomidoverbindungen vergleichbar sind. Vertreter dieser Gruppe sind die Orthodiazophenole bezw. -Naphtole:

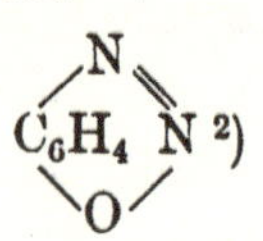

Syndiazophenol

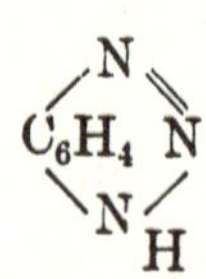

Azomidobenzol.

Diese inneren Syndiazoanhydride besitzen im Gegensatze zur Diazosulfanilsäure keine Salznatur, sind daher in Äther löslich und zeigen mehr oder minder ausgesprochene Farbe, woraus ihre Azonatur deutlich hervorgeht.

Im Gegensatze zu Hantzsch fafste Bamberger die Diazophenole als Diazoniumanhydride auf. Die

[1]) Ber. **28**, 2004 [1895].

[2]) Vergl. S. 34 u. die Diazosulfide v. Jacobson, Ann. **277**, 209.

Frage der Constitution dieser Verbindungen wurde erst in neuester Zeit definitiv gelöst, indem L. Wolf[1]) nachwies, daſs sie keine wahren Benzolderivate sind, sondern dem Chinontypus angehören, also Chinondiazide sind:

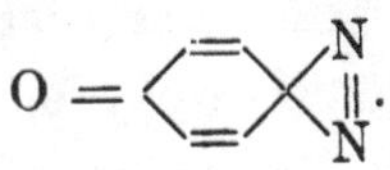

[Vergl. damit die Constitution der Oxyazoverbindungen.]

Über das Diazonium.

Gegen die von Bamberger erhobenen Einwände, betreffend den Vergleich der Diazoniumsalze mit den Ammoniumsalzen durch Hantzsch, richtete letzterer Forscher unter obigem Titel eine Abhandlung[2]), welche wegen ihrer Wichtigkeit an dieser Stelle gesondert zu behandeln ist.

Nach Bamberger[3]) ist das Radikal Diazonium

$$\left(\text{Alphyldiazonium, Alph.}\ \begin{matrix}\text{N}\cdot\\ |||\\ \text{N}\end{matrix}\right)$$

nicht einem Alkalimetalle direkt vergleichbar. Der Vergleich desselben mit einem bestimmten Metalle sei schon deshalb unstatthaft, weil es je nach dem Substituenten, welcher sich im Alphyl befindet, ein

[1]) Ann. **312**, 126 [1899].

[2]) Ber. **29**, 1067 [1896].

[3]) Ber. **29**, 446 [1896].

verschiedenes Verhalten zeige (vergl. dagegen S. 174), ferner bilde u. a. Tribromdiazobenzolsulfat mit Rhodankalium eine Verbindung, welche in orangegelben Nadeln, kristallisiert mit Thiosulfat hellgelbe Kristalle, ein Verhalten, welches nicht an Kaliumsalze erinnere.[1]) Schwerlich könne ferner das Diazobenzolhydrat mit dem positivsten aller Hydroxyde, dem des Kaliums, verglichen werden.[2]) Die neutrale Reaktion der Diazoniumsalze sei zwar ein Beweis für die beträchtliche Affinitätsgröfse der ihnen zu Grunde liegenden Base; keine Tatsache spreche aber dafür, dafs jene bei Diazonium und Kalium gleich grofs sei. Der Fund von Goldschmidt, dafs Diazoniumsalze in wässeriger Lösung fast ebenso stark dissoziiert sind wie Kalium- und Ammoniumsalze erlaube keinen Rückschlufs auf die Affinitätsgröfse des Diazoniums. Bamberger habe dieses nie mit Blei etc. vergleichen wollen, sondern das Bleioxyd nur als Beweis dafür angeführt, dafs ein und dieselbe Substanz[3]) starke Alkalinität und zugleich Acidität besitzen könne, und dafs daher diese Möglichkeit auch für Diazoniumhydroxyd bestehen könne.

---

[1]) Vergl. später die gefärbten Additionsprodukte der Diazocyanide mit Benzolsulfinsäure.

[2]) Vergl. Unterschied zwischen Syndiazohydrat und Antidiazohydrat beim Kapitel »Diazotate«.

[3]) Es handelt sich doch hier nicht um ein und dieselbe Substanz; denn wenn ein Metallhydrat zu Diazonium tritt, so wird dasselbe in »Diazo« verwandelt.

Hingegen führt Hantzsch, zum Beweise dafür, dafs das Diazonium tatsächlich ein zusammengesetztes Alkalimetall von der Stärke und dem Verhalten des Ammoniums oder Kaliums sei, noch folgendes an:

Nach zahlreichen Versuchen von Kohlrausch, Ostwald u. a. A. zeigen die Alkalisalze aller starken einbasischen Säuren, z. B. die Chloride, in wässeriger Lösung ein ganz gleichartiges äufserst charakteristisches Verhalten. Sie sind schon bei mäfsiger Verdünnung elektrolytisch sehr weitgehend, hydrolytisch dagegen gar nicht dissoziiert. Die Dissoziation und molekulare Leitfähigkeit nehmen nur wenig und mit zunehmender Verdünnung immer weniger zu. Der Zuwachs ist schon bei mäfsiger Verdünnung fast Null, d. h. die völlige Dissoziation hierbei erreicht. Ebenso verhalten sich aufser den Salzen der Alkalimetalle die des Silbers und Thalliums; von zusammengesetzten Komplexen das Ammonium, sowie Mono-, Di-, Tri- und Tetraalkylammonium, endlich Trimethylphenylammonium, nicht aber Phenylammonium, das Ion der Anilinsalze.[1]) Erstere werden demnach zusammengesetzte Alkalimetalle genannt. Ganz ebenso wie diese verhalten sich nun nach Messungen von W. Semple[2]) die Diazoniumsalze. Sie besitzen bei

[1]) Diese reagieren bekanntlich in wässerigen Lösungen stark sauer; sind also auch hydrolytisch gespalten. Messungen über deren Leitfähigkeit siehe Bredig, Z. für phys. Chem. **13**, 289.

[2]) Hanztsch, Ber. **28**, 1737 [1895].

gleicher Verdünnung denselben Dissoziationsgrad und denselben Zuwachs des Leitvermögens wie die Alkalisalze. Der Zuwachs wird ferner mit wachsender Verdünnung in demselben Mafse kleiner und die Leitfähigkeit nähert sich demselben schon bei mäfsigen Verdünnungen erreichbaren Grenzwerte der völligen Dissoziation. Diese Analogie zwischen Diazonium- und Alkalisalzen ist durch Zahlen bis in die Details bewiesen (vergl. S. 161). Der Einwurf Bambergers, dafs der Dissoziationsgrad wässeriger Diazoniumsalzlösungen keinen Rückschlufs auf die Affinitätsgröfse des Diazoniums gestatte, sei daher unhaltbar. Wenn man die Alkaliähnlichkeit des Ammoniums anerkenne, könne man die des Diazoniums nicht leugnen. Dafs jedoch die freien Hydrate NH_4OH und $C_6H_5N_2 \cdot OH$ nicht direkt mit Kaliumoxydhydrat verglichen werden können, beruhe beiderseits nur auf ihrer Unbeständigkeit, habe aber mit der Stärke der Ionen, Ammonium und Diazonium nichts zu tun, da sich Ammonium in Salzen tatsächlich wie Kalium oder Natrium verhält.

Das Diazonium ist also nach Hantzsch ein stark positiver Komplex und zwar zeigt die Existenz des Diazoniumkarbonates (S. 162) und die Ähnlichkeit der Diazoniumdoppelsalze mit jenen des Ammoniums, dafs es dem Ammoniumion ähnlicher ist als den Ionen des Silbers oder Thalliums.

Hieran knüpft Hantzsch noch einige sehr beachtenswerte Bemerkungen über die Eigentümlichkeit des Diazoniums. Auffallend sei nämlich seine aufserordentliche Stärke, namentlich im Vergleich zu jener des Phenylammoniums. Aus letzterem ($C_6H_5 \cdot N \vdots H_3$) entsteht durch Ersatz dreier als positiv geltender Wasserstoffatome durch ein als negativ geltendes Stickstoffatom das Radikal $C_6H_5 \cdot N \equiv N$, welches gegen alle Erwartung viel positiver sei als Phenylammonium. Die Tatsache bestehe; ihre Ursachen seien noch unbekannt. Doch habe das Diazonium hierin ein Analogon in dem Jodonium, der Jodoniumbasen. Auch hier entstehe nämlich durch Zusammentritt zweier an sich negativer Komponenten $(C_6H_5)_2$ und J ein zusammengesetztes Blei, d. h. ein positiver, mit Säuren salzbildender Komplex, dort durch Zusammentritt der zwei ebenfalls an sich negativen Komponenten C_6H_5 und N_2 ein »zusammengesetztes Kalium«. Als Benzolderivat sei also das Diazonium keineswegs mit Phenylammonium, sondern mit Phenyltrimethylammonium vergleichbar. Diazoniumsalze müssen sich daher ähnlich wie quarternäre aromatische Ammoniumsalze verhalten, nicht wie Anilinsalze. Das werde durch mehrere Tatsachen bestätigt:

Erstens werde das Diazoniumion gleich dem des Phenyltrimethylammoniums durch freie Halogene nicht angegriffen und zerstört wie das Phenylammonium, die Halogene treten vielmehr additionell zum Säureion (in den Diazoniumperhaloiden (siehe hierüber im Kapitel: »Diazoperhaloide«.)[1]) Zweitens sind nach Bredig alle Ionen der quarternären Ammoniumbasen gleich stark, gleichviel aus welchen Komponenten sie bestehen. Im Gegensatze hierzu werden die Ionen eines primären, sekundären oder tertiären Ammoniums durch chemische Veränderung im Kerne auch elektrisch stark verändert. So wird z. B. Phenylammonium durch den Eintritt von Brom in den Kern höchst unbeständig und schwach, d. h. negativ substituierte Aniline sind nur mehr schwache Basen oder sogar neutrale Körper, während dagegen das Phenyldiazonium durch den Eintritt von Halogenatomen nicht sehr wesentlich alteriert wird.

Dafs das Diazonium ein quarternäres Ammonium ist, kommt ferner deutlich zum Ausdrucke in der grofsen Wanderungsgeschwindigkeit des Diazonium einerseits und der etwa gleich grofsen analogen quarternären Ammoniumionen. So ist die des Diazoniums bei 25° $a = 45{,}7$, jene des Tetramethylammoniums $a = 43{,}6$.[2]) Diese grofse Wanderungsgeschwindigkeit

[1]) Freies Halogen ist hier gewissermafsen kein Reagens auf den Benzolkern; dieser hat im Diazonium- und im Phenyltrimethylammoniumkomplexe, wie es scheint, seine Substitutionsfähigkeit verloren. Der Nichteintritt von Kernsubstitution in beiden Fällen beweist übrigens die Richtigkeit der Annahme von Chattaway und Orton, wonach der Kernsubstitution durch Halogen in Aminen die Bildung von Halogenstickstoffderivaten vorausgeht.

[2]) Ber. **28,** 1740 [1895]; Davidson und Hantzsch, Ber. **31,** 1612 [1898].

bildet, wie hervorgehoben zu werden verdient, den einzigen direkten Beweis für die Anwesenheit des unveränderten Ions ($C_6H_5N \vdots N$) in wässerigen Lösungen und damit auch den ersten direkten Beweis für die Richtigkeit der Blomstrandschen Formel.

Hantzsch blieb demnach auf Grund seiner Untersuchungen über Diazoniumsalze auf dem Satze bestehen:

Das Diazonium

$$\begin{array}{c} C_6H_5 - N \cdot \\ \qquad\quad ||| \\ \qquad\quad N \end{array}$$

ist zufolge seiner Leitfähigkeit und der Natur seiner Salze ein zusammengesetztes Alkalimetall wie Ammonium.

Über die Fortführung der Analogie zwischen Diazonium- und bestimmten Ammoniumradikalen (siehe unter »Pseudobasen«), der Ansicht von Bamberger, wonach man den chemischen Charakter neuartiger analogieloser Atomkombinationen mittels der neuen Methoden schwer beurteilen könne, und dieselben demnach hierfür nur untergeordnete Bedeutung besäßen, setzt Hantzsch mit allem Rechte die Anschauung entgegen, daß durch alleinige Untersuchung dynamischer Verhältnisse, also durch rein chemische Reaktionen, sich für die Diazo- und Stickstoffverbindungen, wie überhaupt in allen an sich zweifelhaften Fällen, wenig beweisen lasse.

Beziehungen zwischen Diazoniumverbindungen und normalen oder Syndiazoverbindungen.[1])

Infolge der nunmehr vollzogenen scharfen Trennung der Diazoniumsalze von den Diazoverbindungen mit azoähnlicher Struktur schien der genetische Zusammenhang zwischen diesen beiden Klassen von Verbindungen nicht mehr deutlich genug hervorzutreten. So bedurfte z. B. der Vorgang der Kuppelung von Diazosäuresalzen jetzt einer neuen Erklärung, nachdem diese nicht mehr als normale oder Syndiazoverbindungen gelten konnten. Diese ist aufserordentlich einfach: Da die Existenz der Diazoniumsalze nur auf dem Vorhandensein des fünfwertigen »Ammoniumstickstoffes« beruht, so können sie in alkalischen Flüssigkeiten nicht bestehen; der fünfwertige Stickstoff verwandelt sich in dreiwertigen unter dem Einflusse der Hydroxylionen und die Diazoniumverbindung geht so in eine Diazoverbindung mit zwei dreiwertigen Stickstoffatomen über. So erklärt sich die Entstehung der Diazometallsalze, der Diazosulfonate, Cyanide etc. Da ferner die einfachen auf diese Weise aus den Diazoniumsalzen primär entstehenden Verbindungen, wie Diazohydrate, Diazotate etc., mit Phenolen Farbstoffe liefern, so ist es klar, dafs die Kuppelungsfähigkeit der Diazoniumsalze auf ihrem

---

[1]) Aus der Abhandlung von Hantzsch: Diazoniumsalze und normale Diazoverbindungen Ber. **28**, 1734 [1895].

intermediären Übergang in Syndiazoverbindungen beruht. Sie kuppeln also gewissermaſsen indirekt. Hantzsch stellt diesen Übergang in folgender Weise dar:

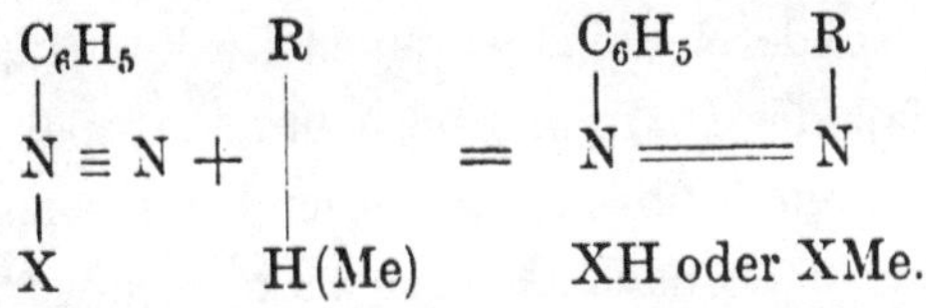

Die Bildung der Diazometallsalze, -Sulfonate und -Cyanide wird so formuliert:

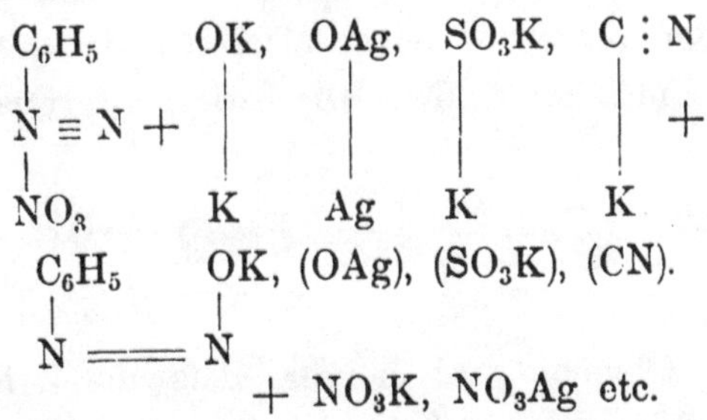

Die Diazosulfanilsäure, welche im freien Zustande den Diazoniumtypus repräsentiert, geht durch 1 Mol. Alkali in das einfache, mit 2 Mol. desselben in das zweifache Natronsalz über, welche beide Azotypus besitzen:

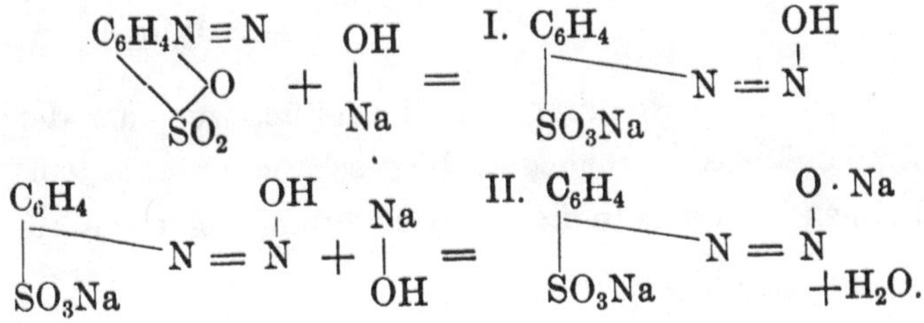

Dieser intermediäre Übergang der Diazoniumsalze in Syndiazoverbindungen wird von Hantzsch nicht nur bei der Bildung von einfacheren azoartigen Diazoverbindungen und Azofarbstoffen aus ihnen angenommen, sondern auch bei jenen Reaktionen, welche zum Zerfall der Diazoniumsalze unter Abspaltung des Diazostickstoffes führen. Beweisend für letztere Annahme ist, dafs nach Gerilowski[1]) die freie Sulfanilsäure in wässeriger Lösung stabil ist, wogegen die wässerige Lösung des aus ihr mit 1 Mol. Alkali erhaltenen primären Alkalisalzes Nr. I unter denselben Umständen den Diazostickstoff quantitativ verliert:

$$\begin{array}{c} NaO_3S \cdot C_6H_4 \cdot N \\ \| \\ HO \cdot N \end{array} \rightarrow \begin{array}{cc} NaO_3S \cdot C_6H_4 & N \\ | & ||| \\ OH & +N. \end{array}$$

Aus Obigem geht hervor, dafs die Zersetzung der Diazoniumsalze nicht analog jener der Ammoniumsalze ist; es besteht also wenigstens in Bezug auf den Zerfall beider ein Unterschied.

$$R_4N \cdot X \rightarrow R_3N + RX \text{ (Ammoniumspaltung)}$$

$$\begin{array}{c} C_6H_5 - N \vdots N \\ | \\ X \end{array} \rightarrow (N \vdots N) + C_6H_5 \cdot X \text{ (Diazoniumspaltung.)}$$

Wäre die Spaltung der Diazoniumsalze jener der Ammoniumsalze analog, d. h. geschähe sie ohne vorherigen Übergang in die Syndiazoverbindung, so müfste

[1]) Ber. **29**, 1057, [1896].

sie sich um so leichter vollziehen, je schwächer negativ das betreffende Anion ist, da die Verbindungen $(NH_4)Cl$, $(NH_4)_2O_3$, (NH_4OH) zunehmend zersetzlich sind. Im Gegensatze hierzu stellte aber Hantzsch fest, dafs wenigstens die Zersetzung des Diazoniumkarbonates jener des Ammoniumkarbonates nicht vergleichbar ist, da sich Lösungen des ersteren ohne starke Zersetzung kochen lassen. Anderseits mufste sich, wenn bei den Diazoniumhaloidsalzen in wässeriger Lösung Ammoniumspaltung einträte, erwarten lassen, dafs dieselben hierbei Halogenbenzole und nicht Phenole liefern würden. Zur Erklärung des tatsächlichen Vorganges der Bildung von Phenol aus Diazoniumsalzen beim Kochen mit Wasser nimmt daher Hantzsch die intermediäre Entstehung von Diazobenzolhydrat an, welches sodann in zweiter Phase in Stickstoff und Phenol zerfällt:

$$\begin{array}{l} C_6H_5 \\ Cl \end{array}\!\!>N \equiv N + \begin{array}{c} OH \\ | \\ H \end{array} = \begin{array}{ccc} C_6H_5 & & OH \\ \diagdown & & \diagup \\ N & = & N \\ Cl & \text{———} & H \end{array} = \begin{array}{c} C_6H_5 - OH \\ (N \equiv N) \\ \\ Cl \text{——} H. \end{array}$$

Dafs gerade die Diazoniumsalze starker Säuren dieser Zersetzung in Phenol etc. am leichtesten unterliegen, werde dadurch erklärt, dafs viele derartige autokatalytische Prozesse vorwiegend, bezw. ausschliefslich durch Säuren, d. h. durch Wasserstoffionen eingeleitet und vollzogen werden.

Die typische Diazospaltung beruht also auf der intramolekularen Reaktion räumlich benachbarter Gruppen und ist dem Zerfalle der Synaldoxime in Nitrile vergleichbar, nicht aber jenem eines Ammonsalzes in das Ammoniakderivat.

Die den Diazoniumsalzen so charakteristische leichte Umstellung in den Syndiazotyp läſst sich nach Hantzsch veranschaulichen, wenn man annimmt, daſs beide Typen die allein realisierbaren Gleichgewichtszustände eines anscheinend nicht realisierbaren Zwischengliedes (II) darstellen:

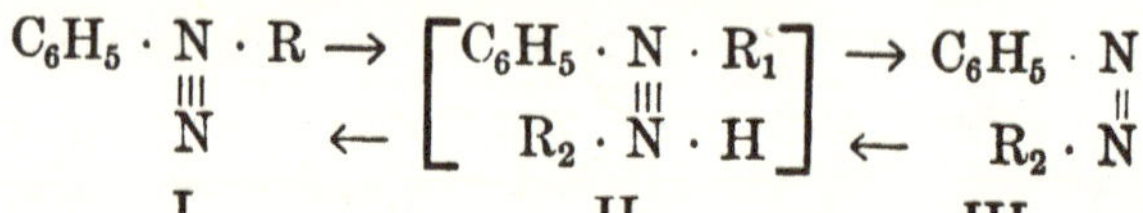

I II III.

Hiernach stellt Hantzsch[1]) die wichtigsten Spaltungen von Diazoniumsalzen in folgender Weise dar:

1. Übergang in Phenole; beim Kochen mit Wasser.

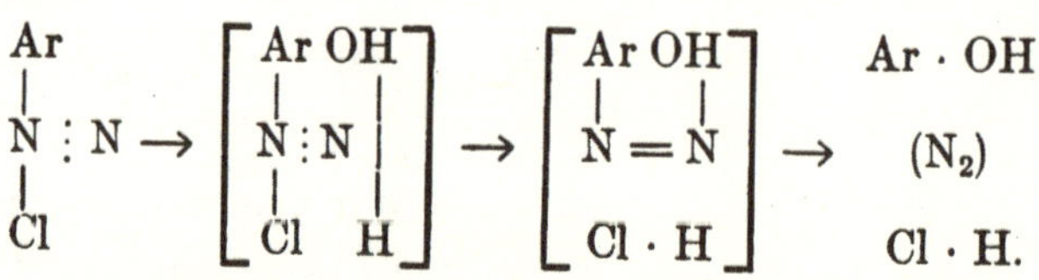

2. Bildung von Phenoläthern; beim Erhitzen mit Alkoholen.

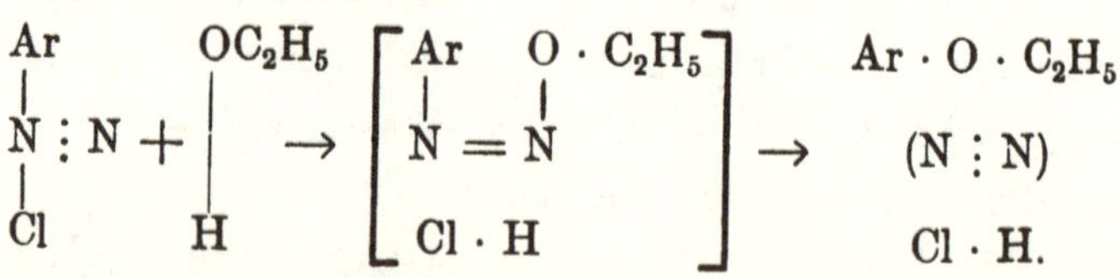

[1]) Ber. 33, 2517 [1900]

3. Bildung von Kohlenwasserstoffen; beim Erhitzen mit Alkoholen.

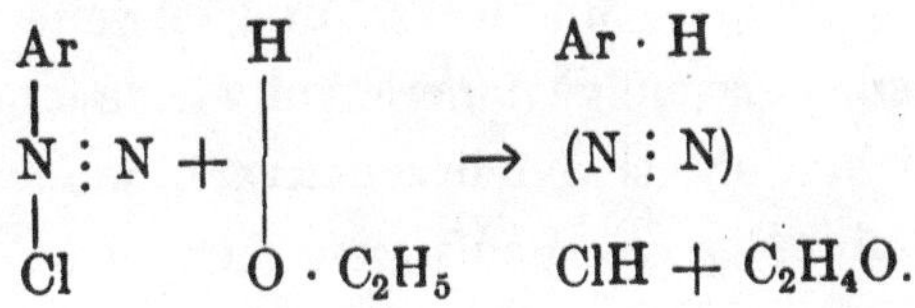

(Vergl. auch S. 15, Fufsnote 2.)

Die Beziehungen zwischen Diazoniumsalzen und Syndiazoverbindungen sind erschöpfend dargestellt, wenn noch erwähnt wird, dafs letztere durch Mineralsäuren in erstere übergeführt werden können.

Durch die Untersuchungen über Diazoniumsalze wurde die Frage der Constitution der Diazoverbindungen ihrer definitiven Lösung um ein bedeutendes näher gerückt. Infolge der nunmehr vollzogenen scharfen Trennung der bisher für normal gehaltenen Diazokörper in Diazoniumsalze und Syndiazoverbindungen »behalten, wie Hantzsch sich ausdrückt, zunächst betreffs der Strukturchemie der Diazoverbindungen die beiden seit langem einander gegenüberstehenden Ansichten über die Zusammensetzung der Diazoverbindungen innerhalb gewisser Grenzen Geltung, indem die Diazoniumformel von Blomstrand, Strecker und Erlenmeyer für die meisten Säuresalze des Diazobenzols, diejenige von Kekulé und E. Fischer für die normalen Diazokörper bestehen bleiben«. Sodann sei die von Hantzsch entwickelte Stereochemie der Diazoverbindungen durch diese Untersuchungen in allen wesentlichen Punkten bestätigt. Modifiziert und erweitert werde sie dadurch, dafs einige innere Anhydride und Diazohaloide nicht nur als Syndiazoderivate, sondern auch als Diazoniumderivate auftreten können. Endlich wurde infolge der Annahme der Blomstrandschen Formel für Diazosäuresalze durch Hantzsch zum ersten Male Übereinstimmung der beiden Gegner auf diesem Gebiete der Diazoverbindungen hergestellt. Wir werden im weiteren Verlaufe der Entwicklung der Chemie der aromatischen Diazoverbindungen sehen, dafs diese teilweise Übereinstimmung später sich zu einer fast vollständigen ausgestaltete.

Anhang: Doppelsalze der Diazoniumsalze mit Metallsalzen; über die Natur der Diazohaloide; Constitution der Diazoperhaloide.

Die Analogie der Diazoniumsalze mit den Ammonium- und Anilinsalzen in Bezug auf ihre Fähigkeit, Doppelverbindungen mit Metallsalzen zu bilden, beschränkt sich nicht auf die Existenz von Platin und Golddoppelsalzen. Es wurde schon erwähnt, dafs Hantzsch eine Verbindung von Diazoniumsalz mit Kobaltnitrit erhielt. Diese Doppelsalze sind übrigens je nach der Natur des betreffenden Metallsalzes und wohl auch jener des Diazoniumsalzes zweierlei Art.

Es gibt farblose, stabile, ammoniumähnliche Diazoniumhaloiddoppelsalze und farbige, labile, azoähnliche Syndiazohaloiddoppelsalze, welche sich analog den Syndiazocyaniden verhalten. Typisch für beide Arten sind folgende Beispiele:

$\begin{array}{c} C_6H_5 \cdot N \cdot Cl \cdot HgCl_2 \\ \equiv \\ N \end{array}$	$\begin{array}{c} C_6H_5N \\ \Vert \\ Br \cdot N \end{array}$, Cu_2Br_2 [1])
Diazoniumchlorid-Quecksilberchlorid; farblose feine Nadeln; löslich in Wasser und beständig.	Syndiazobenzol-Kupferbromür; rotgelbe Nadeln; zerfällt mit Wasser in Cu_2Br_2, N_2 und Brombenzol.

Letztere Verbindung ist identisch mit dem von Sandmeyer erhaltenen Salze, dem dieser Forscher damals die Strukturformel

$$\begin{array}{c} C_6H_5 \cdot N \cdot CuBr \\ | \\ Br \cdot N \cdot CuBr \end{array}$$

gab. Über das Wesen der Sandmeyerschen bezw. Gattermannschen Reaktionen vergl. Hantzsch und Klagden: Ber. **33**, 2544 [1900]. Hantzsch[2]) fand ferner, daſs die einfachen Diazoniumhaloïdsalze noch Halogenwasserstoffsäure aufnehmen können unter Bildung von einfach- und drittelsauren Salzen.

---

[1]) Ber. **28**, 1741 [1895].
[2]) Ber. **30**, 1153 [1897].

Erstere faſst dieser Forscher als Additionsprodukte von 1 Mol. Halogenwasserstoff an den dreiwertigen Stickstoff des Diazoniumsalzes auf.

$$\begin{array}{c} C_6H_5 \cdot N \cdot Cl \\ \| \! | \\ Cl \cdot N \cdot H. \end{array}$$

Die letzteren 3(····)(R · N_2Cl) + HCl, werden als Verbindungen von 2 Mol. neutralem und 1 Mol. saurem Diazoniumsalz aufgefaſst. Diese Verbindungen existieren nur in festem Zustande; durch Wasser werden sie zerlegt. Auch ist hier einer interessanten Umlagerung zu gedenken, welche bei halogensubstituierten Diazoniumsalzen vorkommt. Nach Silberstein[1]) geht Tribrombenzoldiazoniumnitrat beim Erwärmen mit konz. Salzsäure in Tribromdiazoniumchloriddibromid $C_6H_2Br_3N_2 \cdot ClBr_2$ über und nach Schleissing erhält man bei Diazotierung des gewöhnlichen Tribromanilins in alkoholischer Lösung bei Anwesenheit von überschüssiger Salzsäure gelbe Salze, die nur ionisierbares Brom enthielten. Endlich fand Hantzsch[2]), daſs sich auf diese Weise die farblosen bromierten Diazochloride in gelbe chlorierte Diazobromide verwandeln lassen. Es findet also ein Platzwechsel zwischen Chlor und Brom in der Weise statt, daſs im Kern befindliches Brom in den Ionenzustand versetzt wird. Es scheint also Halogen im Kerne des Diazoniumradikales in ähnlicher Weise

[1]) Journ. f. pr. Chem. **27**, 98 [1883].

[2]) Ber. **30**, 2334 [1897].

labil gebunden zu sein, wie ein in Konkurrenz mit der Nitrogruppe im Benzol befindliches. Man könnte vielleicht sagen, im Diazonium verhält sich der Benzolkern positiver, aliphatischer, um nicht zu sagen anorganischer als sonst, da das ganze Ion den Charakter eines zusammengesetzten Metalles hat.

Über Diazoniumhaloide und Diazosynhaloide.

Es wurde S. 163 erwähnt, dafs Hantzsch anfangs die Diazoniumformel der Diazosäuresalze nur für die Salze mit Sauerstoffsäuren gelten liefs und die Annahme machte, dafs diejenigen der Halogenwasserstoffsäuren in festem Zustande dem Syndiazo-, im gelösten dem Diazoniumtypus angehören. Hierzu kommen die Tatsachen, dafs gewisse Diazoverbindungen der Brom- und Jodwasserstoffsäure und zwar gerade die explosibelsten, gelb bis rot gefärbt (Tribromdiazobenzolbromid ist tiefrot) und zum Teile auch in Wasser unlöslich sind, also keine Diazoniumverbindungen sein können. Hantzsch[1]) kommt daher zu dem Schlusse, die typischen stark gefärbten, in H_2O unlöslichen oder darin zersetzlichen Diazohaloide, die explosibelsten aller Diazosalze, sind undissoziierte Syndiazohaloide; die Chloride, Nitrate, Sulfate sind farblos und gehören dem Diazoniumtypus an. Einfache Bromide, Jodide und Rhodanide ($Ar \cdot N_2$ SCN) des Diazobenzols scheinen in der Mitte zwischen

---

[1]) Ber. 30, 2179 [1897].

beiden zu stehen, wenn sie im festen Zustande farbig, im gelösten farblos sind. Hantzsch betrachtet diese Verbindungen als feste Lösungen von farblosen Diazoniumhaloiden und farbigen Diazohaloiden.[1])

Mit Zunahme der Farbe steigt die Explosibilität. Beide Eigenschaften hängen von der Natur des Halogens und der Stärke des betreffenden Diazoniumradikals ab. Die Chloride sind farblos, die Bromide schwach, die Jodide stark gefärbt; ersteres garnicht, die beiden letzten zunehmend explosibel. Trimethyl- und Anisoldiazoniumhaloide, deren Basen fast die Stärke der Alkalien haben, sind am wenigsten, Tribromdiazohaloide, deren Hydrat schwächer als Ammoniak ist, am stärksten farbig und am explosivsten.

Das Gleichgewicht der festen Lösung

Diazoniumchlorid	Syndiazohaloid
Ar · N · X ⫴ N	Ar · N [2]) ‖ XN
farblos, nicht explosiv	farbig, explosiv

wird also durch die chemische Beschaffenheit der Komponenten ArN_2 und X verschoben. Es erschien nun wahrscheinlich, dafs es auch durch die Temperatur beeinflufst werden würde. Dies ist tatsächlich der Fall. Wässerige und alkoholische Lösungen von Anisoldiazojodid sind bei (— 60°) gelblich-weifs; bei

---

[1]) Ber. **33**, 2179 [1900].
[2]) Ber. **34**, 4168 [1901].

gew. Temperatur goldgelb; von p-Bromdiazojodid bei (— 60°) zitronengelb; bei gew. Temperatur orange; von (2,4) Dibromdiazojodid bei (— 60°) goldgelb; bei gew. Temperatur dunkelorange. Dafs mit der Intensität der Farbe auch die Explosibilität wächst, geht daraus hervor, dafs, wie Hantzsch fand, die beiden letzten Jodide, sobald sie orangerot geworden sind, regelmäfsig explodieren. Es ist also bei dieser Temperatur das Gleichgewicht zugunsten der Diazoniumformel verschoben und umgekehrt bei hoher zugunsten der Syndiazoformel.

Dafs die drei Halogenwasserstoffsäuren HCl, HBr und HJ ihre thermischen Unterschiede auch bei der Bildung ihrer Derivate mit Diazobenzol geltend machen würden, war zu erwarten. Die stark exothermische Salzsäure, welche leicht und direkt beständige Ammonsalze liefert, bildet auch echte Diazoniumsalze. Wie man anderseits aus einer teilweise dissoziierten Jodwasserstoffsäure mit Ammoniak neben Jodammon auch Jodstickstoff erhält, so wird bei der Einwirkung von salpetriger Säure auf Anilin und überschüssige Jodwasserstoffsäure schon wegen der Dissoziation der letzteren, dann aber auch, weil beide Säuren aufeinander unter Jodausscheidung reagieren, neben Diazoniumsalz auch Syndiazosalz entstehen.[1])

[1]) Die Explosibilität der Salze des Diazobenzols mit Sauerstoffsäuren findet ihre Erklärung nur in dem Vorhandensein der dreifach gebundenen Stickstoffatome.

Diazoperhaloide.

Die von Griefs durch Einwirkung von Brom auf Diazoniumsalze erhaltenen Diazobenzolperbromide genannten Substanzen enthalten, wie schon ihr Entdecker fand, zwei Bromatome in minder fester Bindung als das dritte. Griefs verglich sie daher schon mit den Superjodiden des Tetraäthylammoniums. Kekulé stellte neben der diese Verhältnisse berücksichtigenden Formel

$$C_6H_5N : N \cdot Br \cdot Br_2$$

eine zweite

$$\begin{array}{ccc} C_6H_5N & — & N \cdot Br \\ | & & | \\ Br & & Br \end{array}$$

auf. Nach Erlenmeyer (S. 41 und 45) sollen diese Verbindungen die Zusammensetzung

$$\begin{array}{l} C_6H_5 \cdot N \cdot Br \\ \quad\;\; ||| \\ \quad\;\; N \langle {Br \atop Br} \end{array}$$

haben. Nachdem für die einfachen Diazosäuresalze die Formel von Blomstrand angenommen war, mufste die obige von Kekulé befürwortete sogenannte Hydrazinformel für diese Superhalogenverbindungen verlassen werden und zwar nach Hantzsch[1])

[1]) Ber. **28**, 2754 [1895].

deshalb, weil u. a. die azoähnlich zusammengesetzten Diazocyanide mit Brom nicht etwa der Formel

$$\begin{matrix} C_6H_5N & — & N & \cdot & C \vdots N \\ | & & | & & \\ Br & & Br & & \end{matrix}$$

entsprechende Additionsprodukte liefern, sondern unter Abspaltung von Bromcyan gewöhnliche Diazoperbromide liefern. Es geht übrigens auch aus den Untersuchungen von Werigo[1]) über Einwirkung von Brom auf Azobenzol hervor, dafs die Azogruppe nicht wie $HC = CH$ additionsfähig ist. Im gleichen Sinne beweisend ist die Tatsache, dafs strukturisomere Diazoperhaloide bisher nicht gefunden sind. Es müssen also nach Hantzsch diese Verbindungen, von welchen es nicht nur Bromide, sondern von den zehn möglichen Reihen alle mit Ausnahme der Trichloride gibt, mit den Alkalitrihaloiden KJ_3, $RbRr_3$, $CsBr_3$ [2]) (Mh), J_3, sowie den organischen Ammoniumtrihaloiden $(C_2H_5)_4NBr_3$, $(CH_3)_4NJ_2Cl$, $(CH_3)_4N \cdot J \cdot Br_2$ in eine Reihe gestellt werden. Die Analogie der Diazoperhaloide mit diesen Verbindungen tritt in der Tat in allen wesentlichen physikalischen Eigenschaften zutage. Sie sind ausgesprochen farbig und in den meisten Mitteln schwer löslich; zwei Atome Halogen können durch Alkohol, Äther etc. entfernt werden, aufserdem geben sie zumeist die Reaktionen der betreffenden

---

[1]) Ann. **156**, 169 [1870].

[2]) Vergl. Wells, Z. anorg. Chem. **1**, 85; Schmidt, ebenda **9**, 432.

freien Halogene. Durch Wasser werden sie in Diazoniumsalz und freies Halogen zerlegt. Hantzsch betrachtet daher diese Verbindungen als Derivate von Trihalogenwasserstoffsäuren (HX_3) unter der Annahme, dafs in denselben, ähnlich wie in den Pyrazolderivaten von Knorr, denen des Tetrazols von Thiele und wahrscheinlich auch bei jenen des Azoimides von Curtius, das metallähnliche Diazoniumradikal nicht an ein bestimmtes Atom des Trihalogenkomplexes, sondern an die ganze Gruppe gebunden ist. Hierdurch erkläre sich das Fehlen von Isomerie bei diesen Verbindungen und es seien also z. B. Diazoniumchlorid-Bromjod und Diazoniumbromid-Chlorjod nicht verschieden im Sinne der Formeln

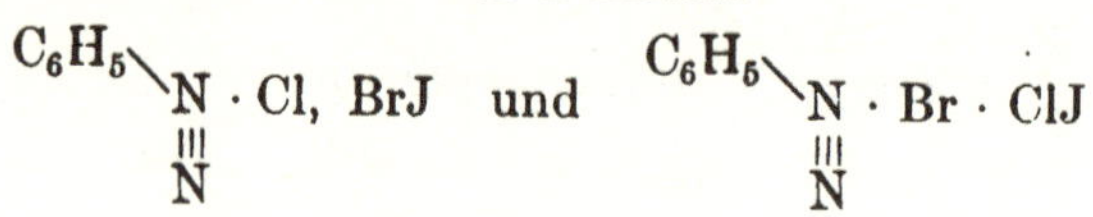

sondern identisch nach der Formel

$$(C_6H_5N_2)\ (ClBrJ).$$

Die Existenz der Diazoniumdoppelsalze wie der Diazoniumperhaloide vollendet die von Hantzsch gezogene Parallele zwischen den Alkali- und den Diazoniumsalzen in der glücklichsten Weise.

Durch seine Untersuchungen über Diazoniumsalze und Diazohaloide wurde die Richtigkeit der Anschauungen von Blomstrand, Strecker und Erlenmeyer sowie von Bamberger über die Constitution der Diazosäureverbindungen erst exakt bewiesen und zugleich gezeigt, dafs bei den Derivaten des Diazobenzols mit Halogenwasserstoffsäuren neben der Blomstrandschen Formel das alte Symbol von Kekulé in beschränktem Mafse noch Geltung besitzt.

Widerlegung der von Bamberger und Blomstrand aufgestellten Diazoniumformeln der labilen Diazosulfonate und Cyanide durch Hantzsch.

Im Verfolge ihrer Ansichten über die Constitution der Diazosäuresalze nahmen Bamberger[1]) und Blomstrand[2]) als Gegner der Hypothese von der Stereoisomerie der Diazoverbindungen für das labile Diazobenzolsulfonat und Cyanid die, wie S. 149 und 151 erwähnt, von V. Meyer und Jacobson in ihrem Lehrbuche II, S. 301 aufgestellten Phenylazoniumformeln

$$\begin{array}{c} C_6H_5 \cdot N \vdots N \\ | \\ SO_3K \end{array} \quad \text{bezw.} \quad \begin{array}{c} C_6H_5 \cdot N \vdots N \\ | \\ C : N \end{array}$$

an. Dieselben setzen voraus, dafs die Reste SO_3K bezw. $C \vdots N$ in Bezug auf Negativität den Resten Cl, NO_3, SO_4H nahe stehen, und dafs durch ihren Eintritt an Stelle eines solchen der Fünfwertigkeit des α-Stickstoffatomes, des Diazosäuresalzes die Stütze nicht entzogen werde, eine kaum zu verteidigende Annahme. Anderseits aber wäre nach Bamberger[3])

---

[1]) Ber. **28**, 242, 2447 [1895].

[2]) Journ. f. pr. Chem. **53**, 169 [1896].

[3]) Ber. **28**, 243 [1895].

die saure Natur des Sulfonsäurerestes doch so wenig stark, dafs das labile Salz dadurch in ganz besonderem Grade zum Übergange in einen Phenylazokörper befähigt sei. Es sei also das labile Diazosulfonat ein Phenylazoniumsalz, dessen Beständigkeit weit geringer ist als die der wahren Diazosäuresalze. Seine Umwandlung in das stabile Sulfonat stellt Bamberger so dar:

$$\begin{array}{c} C_6H_5N \vdots N \\ | \\ SO_3K \end{array} \quad \rightarrow \quad C_6H_5N : N \cdot SO_3K$$

rotes labiles Diazosulfonat von Hantzsch (Phenylazoniumsalz)	stabiles gelbes Diazobenzolsulfonat von Strecker-E. Fischer (Phenylazoverbindung).

Sonach wäre also die Isomerie zwischen beiden Salzen eine strukturelle, der wesentliche Unterschied zwischen echten Diazosäuresalzen und diesem labilen Sulfonate sei nur der, dafs das Radikal ($C_6H_5N_2$) in letzterem kein Ion[1]) sei.

Im Anschlusse an die diesbezüglichen Entgegnungen von Hantzsch[2]) möchte ich an diese Ausführungen Bambergers einige Betrachtungen knüpfen.

Nimmt man zunächst mit Bamberger an, dafs das labile Sulfonat die Phenylazoniumformel besitze,

---

[1]) Mit diesem Zugeständnis macht Bamberger diese Formel a priori unmöglich.

[2]) Ber. 28, 676 [1895].

so erscheint es auffallend, daſs es eine so auſserordentlich groſse Tendenz zur spontanen Umlagerung in den isomeren stabilen Phenylazo- oder Antidiazokörper besitzt, nachdem gerade die Diazoniumsalze die einzigen Diazoverbindungen sind, bei welchen Neigung zur spontanen Isomerisation sonst nicht gefunden wurde. Des weiteren nimmt aber Bamberger an, daſs im labilen Sulfonate die Gruppe $(C_6H_5N_2)$ kein Ion ist, obwohl es als wahres Diazoniumsalz die Ionen $(C_6H_5N_2)$, (SO_3) und K haben und dem Diazoniumnitrate analog zusammengesetzt sein müſste:

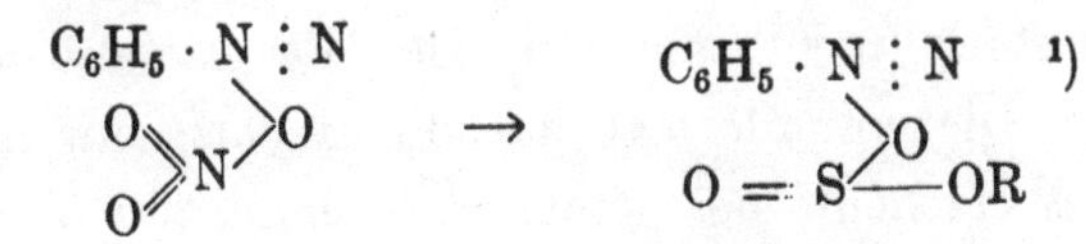

Diazoniumnitrat — labiles Diazobenzolsulfonat als Diazoniumsalz.

Wenn nun also die Gruppe $(C_6H_5N_2)$ in diesem Salze kein Ion ist, so befindet sich der Schwefel desselben in direkter Bindung mit dem einen der beiden Stickstoffatome, d. h. man kommt zu dem Schlusse, daſs auch das labile Salz ein Aminosulfonat ist. Nach der Prämisse von Bamberger wäre es aber auch ein Diazoniumsalz. Nun kennt man jedoch kein wahres Diazoniumsalz, in dem die Gruppe $(C_6H_5N_2)$

[1]) In dieser Form wäre das labile Salz nichts anderes als Diazobenzolkaliumsulfit, dessen Nichtexistenz von Hantzsch nachgewiesen ist.

kein Ion wäre. Das labile Sulfonat kann also, da in demselben diese Gruppe tatsächlich kein Ion ist und es nur in ($C_6H_5N_2SO_3$) und K ionisiert ist (siehe S. 143), nicht die Diazoniumformel besitzen.

Nimmt man mit einer Variante der Clausschen Ansicht[1]) an, dafs das explosible Salz die Formel

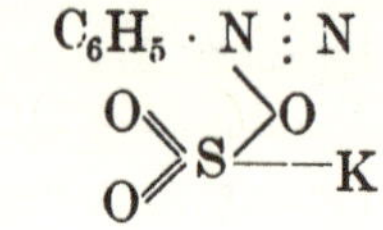

besitze, so müfste es in wässeriger Lösung ebenfalls drei Ionen aufweisen und aufserdem hydrolytisch nach K gespalten sein, d. h. alkalisch reagieren, was bekanntlich nicht der Fall ist. Es ist also keine wahre Diazoniumformel auf dieses Salz anwendbar, und es erscheint bei seiner Entstehung der Vorgang als der natürlichste, dafs das Diazoniumchlorid beim Zusammentritt mit neutralem Kaliumsulfit unter Abgabe des Halogens in Phenylazo (Syndiazoradikal) verwandelt wird und mit dem durch Abgabe des einen Atomes Kalium asymmetrisch gewordenen Sulfonatreste $\cdot SO_3K$ zum Azosulfonate zusammentritt, wie dies S. 138 durch Formeln dargestellt wurde.

Es darf ferner mit Hantzsch hier nochmals darauf hingewiesen werden, dafs Bamberger auf die Farbigkeit des labilen Sulfonates zu wenig Rücksicht nimmt, und dafs Farbigkeit oder Farblosigkeit der Individuen in der Klasse der Diazoverbindungen

[1]) Journ. f. pr. Chem. **50**, 239; **51**, 80 [1895].

von nicht zu unterschätzender Bedeutung ist. Jede Phenylazoniumformel für das labile Sulfonat würde die Farblosigkeit desselben voraussetzen. Anderseits deutet die Bildung einer farbigen Substanz aus einem Diazoniumsalze stets den Übergang desselben in einen Azokörper an.

Die Formel von V. Meyer und Jacobsen, sowie von Bamberger und Blomstrand für das labile Diazosulfonat von Hantzsch dürfte hiernach zu verlassen sein.

Durch die Untersuchungen von Hantzsch über die Diazosulfonate fällt der Einwand E. Fischers, betreffend die Bildung von Phenylhydrazin aus diesem Salze, weg, nachdem beide Isomere als Azoverbindungen anerkannt sind und daher bei ihrer Reduktion zu Phenylhydrazin Umlagerungen nicht nötig werden. (Siehe S. 50 ff.)

Dem Versuche Bambergers[1]) und Blomstrands[2]), auch die Isomerie der Diazocyanide auf gleiche Weise wie jene der Sulfonate strukturchemisch zu erklären, wurde von Hantzsch[3]) zunächst mit dem Hinweise entgegengetreten, dafs das labile, gelb gefärbte Diazocyanid, wenn es die Ammoniumformel

$$\begin{array}{c} C_6H_5 \cdot \underset{\underset{\displaystyle N}{|||}}{N} \cdot C \vdots N \end{array}$$

[1]) Ber. 28, 834 [1895].
[2]) Journ. f. pr. Chem. 55, 481 [1897].
[3]) Ber. 28, 668 [1895].

besäfse, ein Analogon des Tetramethylammoniumcyanids und indirekt des Cyankaliums sein, d. h. in Wasser löslich, farblos, in organischen Lösungsmitteln, wie Äther, unlöslich, binär, ein Elektrolyt, kurz ein wahres Salz sein müfste. Keines der beiden Isomeren zeige jedoch auch nur eine dieser Eigenschaften, sondern im Gegenteil das Verhalten von echten unitären organischen Cyaniden, also Nichtelektrolyten, nämlich Unlöslichkeit in Wasser und Löslichkeit in organischen Mitteln und zudem die Eigenschaft der azoähnlich constituierten Diazoverbindungen, nämlich Farbigkeit. Dafs diese Verbindungen nur echte Cyanide sein können, erhellt ferner daraus, dafs sie sich zu Karbonamiden, orange- bis rubinroten kristallinischen Verbindungen, deren Farbe ihre Azonatur deutlich vor Augen führt und endlich zu Diazokarbonsäuren verseifen lassen. Man hat also

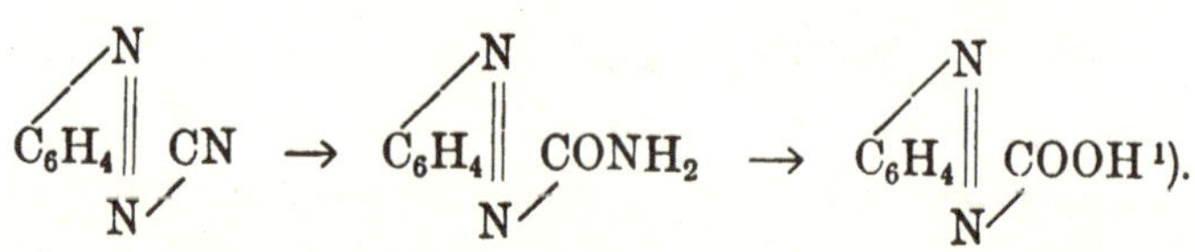

Später fand Hantzsch[2]), dafs die beiden Diazocyanide unter bestimmten Bedingungen Benzolsulfinsäure zu addieren vermögen, wobei farblose Produkte entstehen; eine Reaktion, die auch bei anderen echten Diazoverbindungen von Azostruktur und sogar

[1]) Hantzsch und Schultze, Ber. **28**, 2073 [1895].

[2]) Hantzsch und Glogauer, Ber. **30**, 2548 [1897].

beim Azobenzol auftritt, also eine Reaktion auf die Azogruppe — N = N — ist.

Diese Additionsprodukte von Benzolsulfinsäure an die Diazocyanide besitzen nach Hantzsch die Formel:

$$\begin{array}{lcl} C_6H_5\cdot \underset{\displaystyle SO_2C_6H_5}{\overset{|}{N}} & - & \underset{\displaystyle H}{\overset{|}{N}}\cdot C\vdots N \end{array}$$

und sind daher Phenylsulfonhydrazoverbindungen. Ringförmige Diazoverbindungen und Diazoniumsalze[1]) geben diese Reaktion nicht.

Eine Substanz, welche ein derartiges farbloses Additionsprodukt liefert, mufs also die Azogruppe R · N : N · enthalten. Da beide Diazocyanide derartige Verbindungen liefern, so kann keines von ihnen ein Diazoniumsalz sein. Der Umstand ferner, dafs beide Additionsprodukte an die isomeren Diazocyanide einander identisch sind, spricht deutlich genug für ihre Raumisomerie.

Endlich konnte Hantzsch allen Einwanden gegen die Stereoisomerie der in Wasser unlöslichen, gefärbten, unitären und wahren Diazocyanide dadurch begegnen, dafs er später durch Einwirkung von neutralen Cyankaliumlösungen auf Diazoniumchlorid Vertreter der dritten hier noch möglichen Form, nämlich echte, in Wasser lösliche, farblose, elektrolytisch gespaltene Diazoniumcyanide teils als

[1]) Hantzsch und Schultze, Ber. 28, 2073 [1895].

feste Cyansilberdoppelsalze[1]), teils als einfache Salze in wässeriger Lösung erhielt. Diese Verbindungen besitzen die Eigenschaften der Alkalisilbercyanide bezw. Alkalicyanide. Die Doppelsalze werden u. a. durch Essigsäure in Blausäure und lösliches Diazoniumacetat zerlegt, ein Beweis, dafs sie keine Diazocyaniddoppelsalze sind. Im Jahre 1901 gelang Hantzsch sogar die Darstellung von festem kristallisiertem Anisoldiazoniumcyanid in hydratischer Form mit einem Molekül Blausäure.[2])

Es existieren also in der Tat in der Anisolreihe die **drei** möglichen von einander verschiedenen Verbindungen des Cyans mit der Gruppe $(C_6H_5N_2)$, nämlich:

$$\begin{array}{c} CH_3O \cdot C_6H_7 \cdot \underset{\underset{\textstyle N}{|||}}{N} \cdot C \vdots N \end{array}$$

Diazoniumcyanid,
farblos, wasserlöslich, Elektrolyt.

$$\begin{array}{ll} CH_3 \cdot O \cdot C_6H_4 \cdot N \qquad & CH_3 \cdot O \cdot C_6H_4 \cdot N \\ \qquad\qquad\quad \| & \qquad\qquad\qquad \| \\ \qquad\quad N \vdots C \cdot N & \qquad\qquad\qquad N \cdot C \vdots N \end{array}$$

Syndiazocyanid — Antidiazocyanid

farbig, in Wasser unlöslich, Nichtelektrolyte.

Ein stärkerer Beweis für die Richtigkeit der Ansichten von Hantzsch über die Stereoisomerie

[1]) Hantzsch und Danziger, Ber. **30**, 2529 [1897].
[2]) Ber. **34**, 4166 [1901].

bei Diazoverbindungen als die Existenz dieser drei Verbindungen des Cyans mit Diazobenzol konnte kaum erbracht werden. (Siehe später über Beziehungen zwischen Diazoniumcyaniden und Syndiazocyaniden.)

Die im folgenden zu besprechende Entwicklung der Frage der Constitution der Diazotate und freien Diazohydrate macht es notwendig, einen Rückblick auf die von Bamberger bezw. Hantzsch in der Diazofrage aufgestellten Thesen zu werfen.

Die vor Wiederaufnahme der Diazoniumformel für die Diazosäuresalze geltenden Ansichten beider Forscher sind auf folgende Weise darstellbar:

Bamberger (Strukturisomerie).

Normale Reihe.	Isoreihe.
Diazobenzol	Isodiazobenzol (Phenylnitrosamin)
$C_6H_5N : N \cdot OH$	$C_6H_5N \cdot H \cdot N : O$
Diazosäuresalze	—
$C_6H_5N : N \cdot Cl$ (NO_3 etc.)	—
Diazotate	Isodiazotate (Phenylnitrosaminsalze)
$C_6H_5 \cdot N : N \cdot OMe$	$C_6H_5N \cdot Me \cdot N : O$.

Hantzsch (Stereoisomerie).

Normale Syn-Reihe.	Iso-Anti-Reihe.
$\begin{array}{r} C_6H_5 \cdot N \\ \Vert \\ X \cdot N \end{array}$	$\begin{array}{l} C_6H_5 \cdot N \\ \quad\quad\;\; \Vert \\ \quad\quad\;\; N \cdot X \end{array}$

$$X = (OH)\,(OMe) \cdot (SO_3K)\;C).$$

Diazosäuresalze	—
$\begin{array}{r} C_6H_5 \cdot N \\ \Vert \\ (NO_3) \cdot Cl \cdot N \end{array}$	—

Beiden einander gegenüberstehenden Anschauungen gemeinsam ist die Einreihung der Diazosäuresalze in die normale bezw. Synreihe infolge ihres Kupplungsvermögens und ihr Fehlen in der Iso- bezw. Antireihe.

Unmittelbar nach Annahme der Blomstrandschen Formeln durch beide Forscher, also zu Beginn des Jahres 1895, waren die beiderseitigen Anschauungen folgende: Nach Hantzsch gibt es **drei** Arten von Diazoverbindungen: 1. Diazosäuresalze (Diazoniumverbindungen), 2. Syndiazo-, 3. Antidiazoverbindungen. Die ersteren bilden eine gesonderte Gruppe für sich, in der Isomerie nicht auftritt; die beiden letzten gehören zur Gruppe der Diazoverbindungen mit azoähnlicher Bindung. Die Kupplungsfähigkeit der Diazoniumsalze beruht auf ihrem intermediären Übergang in Syndiazotate. Die folgende Tabelle illustriert diese im wesentlichen unverändert gebliebene Theorie von Hantzsch:

Hauptgruppe A.

Salze des Diazobenzols mit Sauerstoffsäuren (farblos, wasserlöslich, Elektrolyte. Isomerien unbekannt):

I. Diazoniumsalze: mit der Formel:

$$\begin{array}{l} C_6H_5N - NO_3 \cdot (SO_4H) \\ \quad\ \ \, ||| \\ \quad\ \ \, N \end{array}$$

(Radikal: Diazonium).

Hauptgruppe B.

Diazoverbindungen vom Azotypus nach dem Schema von Kekulé (farbig, unlöslich in Wasser, Nichtelektrolyte. Mit Stereoisomerie).

II. Syndiazoverbindungen mit der Konfiguration:

$$\begin{array}{r} C_6H_5N \\ || \\ X \cdot N \end{array}$$

X = (OH), OK (CN), (SO_3K).

III. Antidiazoverbindungen mit der Konfiguration:

$$\begin{array}{l} C_6H_5 \cdot N \\ \qquad\ \ || \\ \qquad\ \ N \cdot X \end{array}$$

X = (OH) (OK), (CN), (SO_3K).

Gemeinschaftliches Radikal: Diazo-$C_6H_5N : N$.

Die gleichzeitigen Ansichten Bambergers vor der später durchgeführten Verallgemeinerung der Diazoniumformel können im folgenden zusammengefafst werden:

Es gibt drei Arten von Diazoverbindungen: 1. Diazosäuresalze (Phenylazoniumverbindungen). 2. Normale Diazoverbindungen. 3. Isodiazoverbindungen (Nitrosamine).

Gruppe A.

Salze des Diazobenzols mit Mineralsäuren:

$$\text{Alph.}\ \underset{\underset{\displaystyle N}{|||}}{N} \cdot Cl\ (Br,\ J,\ NO_3,\ SO_4H)$$

Phenylazoniumverbindungen.

Gruppe B.

Normale labile Diazoverbindungen (mit Phenolen etc. Farbstoff gebend).

$$\text{Alph.}\ N : N \cdot X\ (OH) \cdot (OMe).$$

Gruppe C.

Isodiazoverbindungen (Nitrosamine). (Mit Phenolen etc. nicht kuppelnd.)

$$\text{Alph.}\ N \cdot H \cdot N : O\ (\text{Alph.}\ \underset{\underset{\displaystyle Me.}{|}}{N} \cdot N : O)$$

Während es also nach Hantzsch nur zwei Hauptklassen von Diazoverbindungen, nämlich Diazonium- und Diazokörper gibt, setzt Bamberger an Stelle der beiden Unterabteilungen der zweiten Hauptklasse der Syn- und Antidiazoverbindungen, als

Gegner der Stereoisomerie bei Diazoverbindungen, zwei selbständige Gruppen, die normalen und Isodiazoverbindungen, welche im Verhältnis der Strukturisomerie zueinander stehen sollen und nimmt sonach drei Hauptgruppen an.

Die Wiederaufnahme der Blomstrandschen Formel im Zusammenhange mit der Entdeckung der isomeren Diazosulfonate, die sich in das alte Schema (Diazobenzol-Phenylnitrosamin) nicht einreihen liefsen, scheint Bamberger veranlafst zu haben, zu Beginn des Jahres 1895 eine erstmalige Änderung in seinen Ansichten über die Isomerie der Diazoverbindungen vorzunehmen. Zunächst erklärte er bekanntlich die Syndiazosulfonate für Diazoniumverbindungen und ging dann verallgemeinernd dazu über, alle bisher bekannten normalen, labilen Diazoverbindungen, Cyanide, Metallsalze und Hydrate dem Diazoniumtypus[1]), die bisherigen für Nitrosamine gehaltenen stabilen Isodiazoverbindungen dagegen als dem Azo- bezw. Hydroxylamintypus zugehörig zu betrachten. Bamberger teilt also nunmehr, sich des Vorteiles der vor kurzem erst vollzogenen Trennung der Diazosäuresalze von den übrigen Diazoverbindungen begebend, das ganze Gebiet in **zwei** Gruppen: 1. Normale Diazoverbindungen vom Diazoniumtypus. 2. Isodiazoverbindungen vom Azotypus.

[1]) Vergl. Erlenmeyer S. 40.

Gruppe A.

Normale, labile Diazoverbindungen (Diazoniumtypus), umfassend die Diazosäuresalze und alle sonstigen labilen, normalen Diazoverbindungen:

$$\text{Alph.}\ \overset{\displaystyle N \cdot Cl,\ (Br,\ J,\ NO_3,\ SO_4H);}{\underset{\displaystyle N \qquad (OMe,\ SO_3K,\ Cy).}{|||}}$$

Gruppe B.

Stabile Isodiazoverbindungen (Azotypus).

$$\text{Alph. } N : N \cdot OH\ (OMe)\ (SO_3K)\ (Cy).$$

Die Isomerie zwischen Diazobenzol- und Isodiazobenzolverbindungen ist also von Bamberger auch diesmal wieder strukturell aufgefafst. Es ist ferner bemerkenswert, dafs der Formel nach jetzt Isodiazoverbindung heifst, was früher normale Diazoverbindung genannt wurde. Zum gänzlichen Fallenlassen der Nitrosaminformel $C_6H_5NH \cdot NO$ für Isodiazoverbindungen wurde Bamberger[1]) durch die wichtige Entdeckung veranlafst, dafs aus Nitrosobenzol und Hydroxylamin unter Wasseraustritt eine Verbindung entsteht, welche die typische Diazoreaktion zeigt, d. h. langsam kuppelt und nach ihrer Entstehung weder Phenylnitrosamin, noch Phenylazoniumoxydhydrat sein kann, sondern

$$C_6H_5N : O + H_2 : N \cdot OH$$

wie die Formel

$$C_6H_5N = N \cdot OH\ ^{2)}$$

[1]) Ber. 28, 1218 [1895].

[2]) Nach Hantzsch Antidiazohydrat

zeigt, das Oxim des Nitrosobenzols ist. Diese beständige Form des Diazobenzols wurde also nunmehr von Bamberger zum Unterschiede von dem labilen Diazoniumoxydhydrat oder normalen Diazobenzol, das Isodiazobenzol genannt.

Die Bildung der beiden isomeren Diazobenzole aus Diazoniumsalzen erklärt Bamberger auf folgende Weise: Ersetzt man das Säureradikal in den Diazosäuresalzen durch das weniger negative Hydroxyl, so wird damit der Pentavalenz des α-Stickstoffes die Stütze entzogen, und das zunächst entstehende normale Diazobenzolhydrat (Diazoniumhydrat)

$$C_6H_5 \cdot \underset{\underset{N}{|||}}{N} \cdot Cl \longrightarrow C_5H_5 \cdot \underset{\underset{N}{|||}}{N} \cdot OH$$

zersetzt sich entweder in nicht näher zu erörternder Weise, oder es isomerisiert sich zum Isodiazobenzolhydrat:

$$\underset{\text{Diazobenzol}}{C_6H_5\underset{\underset{N}{|||}}{N} \cdot OH} \longrightarrow \underset{\text{Isodiazobenzol}}{C_6H_5 \cdot N : N \cdot OH}$$ [1]

indem die Trivalenz des α-Stickstoffes wieder hergestellt wird. Diese Strukturformeln der Diazo- und Isodiazohydrate gründen sich nach Bamberger vor allem auf die bedeutenden Basizitätsunterschiede[2])

---

[1]) Ber. **29**, 446 [1896].

[2]) Hantzsch zeigte später, dafs diese Unterschiede nur graduelle sind).

beider Körperklassen, welche in sterischen Symbolen nicht ausgedrückt werden könnten.

Setzen wir voraus, dafs die Annahme Bambergers, die labilen Diazosulfonate und -Cyanide seien Diazoniumverbindungen, widerlegt ist, zu welcher Frage sich Bamberger nicht mehr äufserte, so besteht der hauptsächlichste Unterschied zwischen den Ansichten von Bamberger und Hantzsch nur noch in der verschiedenen Formulierung der Diazohydrate und Diazometallsalze (Diazotate) durch die beiden Forscher. Bamberger nimmt hier Strukturisomerie an, indem er die labilen Verbindungen der Diazoniumgruppe, die stabilen der Isodiazogruppe zuzählt; Hantzsch dagegen nimmt nach wie vor Stereoisomerie bei den Diazotaten an.

Der Streit um die Constitution der Diazoverbindungen drehte sich daher in der Folge um dieselben Verbindungen, um die er entbrannt war, nämlich die Diazometallsalze und Diazohydrate. Aus sachlichen und praktischen Gründen werden beide Gruppen getrennt behandelt werden.

Als Einleitung zu diesem Kapitel diene zunächst eine kurze Betrachtung über

Kupplungsfähigkeit von normalen und Isodiazotaten und über Diazoester.

Die Annahme, dafs normale oder Syndiazoverbindungen mit Phenolen unter allen Umständen Azofarbstoffe geben, kurz ausgedrückt »kuppeln«, Iso- oder Antidiazoverbindungen dagegen niemals kuppeln, galt früher für unbestreitbar und als untrügliches Mittel zur Konfigurationsbestimmung in beiden Reihen. Man fand jedoch bald, daſs diese beiden Sätze nicht allgemein Geltung besitzen. Schraube und Schmidt hatten schon ermittelt, daſs eine alkoholische Lösung von Paranitrophenylnitrosamin (p-Nitroantidiazobenzol nach Hantzsch) beim Erwärmen oder längerem Stehen mit Phenolen allmählich Farbstoff liefert. Hantzsch fand sodann, daſs dieselbe Verbindung bei möglichstem Ausschluſs von überschüssigem Alkali rasch und deutlich kuppelt und ferner, daſs unter diesen Bedingungen auch das gelbe, stabile oder Antidiazobenzolsulfonat kuppelt, wenn auch langsamer, da zuerst die Abtrennung der Sulfogruppe erfolgen muſs. Es gilt daher nach Hantzsch[1]) der Satz: 1. Auch Iso- oder Antidiazoverbindungen kuppeln, jedoch langsamer als die normalen oder Synverbindungen. 2. Die Farbstoffbildung wird bei beiden Isomeren durch überschüssiges freies Alkali zurückgedrängt bezw. sogar verhindert. Der Unterschied zwischen Syn- und Antidiazoverbindungen sei also auch hier kein prinzipieller, sondern nur ein

[1]) Aus der Abhandlung: A. Hantzsch, Zur Bildung von Farbstoffen aus stereoisomeren Diazoverbindungen und zur Konfiguration von Diazoäthern. Ber. **27**, 2968 [1894].

graдueller[1]), aber immerhin unter richtigen Versuchsbedingungen so beträchtlich, dafs dadurch der diagnostische Wert dieser Reaktion in bezug auf die Konfigurationsbestimmung nicht beeinträchtigt werde. Nach Beobachtungen von Bamberger treten bei gänzlichem Ausschlufs von Alkali und Anwendung des freien Isonitrodiazobenzolhydrates (Nitrophenylnitrosamins) in wässerig-alkoholischer Lösung die Kupplungserscheinungen sogar momentan, also geradeso wie bei normalen Diazoverbindungen auf. Unter diesen Umständen verschwinden also die Unterschiede zwischen den beiden Isomeren fast vollständig. Wolle man daher normale und Isodiazoverbindungen voneinander unterscheiden, so müsse man für Anwesenheit geringer Mengen freien Alkalis sorgen. Kurz darauf fafst Bamberger sein Urteil über die Kupplungsfähigkeit der Diazo- und Isodiazoverbindungen dahin zusammen, dafs er sagt, diese Eigenschaft komme sowohl normalen als Isodiazoverbindungen im Prinzipe zu und hänge u. a. ab von der Intensität der Bindung der mit dem zweiten Stickstoffatome verknüpften Gruppe. Daraus geht hervor, dafs, wie schon Hantzsch erwähnte, nicht nur das vorhandene oder fehlende Alkali, sondern auch die relative Beständigkeit der

[1]) Dafs der Unterschied zwischen normalen und Isodiazoverbindungen auch hier nur ein gradueller ist, spricht sehr zu gunsten ihrer Stereoisomerie.

betreffenden Diazoverbindung an sich die Kupplungsfähigkeit beeinflufst. Später sagt Bamberger: Auch normale Diazometallsalze kuppeln bei Anwesenheit von viel konz. Alkali nicht mehr, erlangen diese Fähigkeit aber nach Zusatz von Wasser wieder; es scheine daher, dafs die Kupplungsfähigkeit u. a. auf der Anwesenheit (oder Ausbildung) freier Hydratmolekeln beruhe. Zu diesem Gegenstande gibt H. Goldschmidt (Ber. **28**, 2020 [1895]) einige bemerkenswerte Erläuterungen: Dafs Diazosäuresalze auch bei Abwesenheit von freiem Alkali mit Phenolsalzen kuppeln, habe schon Liebermann (Ber. **16**, 2858 [1883]) bemerkt. Bei dem Verfahren in alkalischer Lösung entstehe normales Diazobenzolkalium, das zum Teile hydrolytisch gespalten sei und das so entstandene freie Diazohydrat reagiere dann mit dem Phenolsalze. Dafs das p-Nitrodiazobenzolhydrat kuppelt, sei von Jorisson vor Bamberger gefunden. Dafs stark alkalische Lösungen nicht kuppeln, müsse man darauf zurückführen, dafs sie wenig hydrolysiert sind. Das verschiedene Verhalten von Diazobenzolsalzen gegen Phenole scheine darin begründet zu sein, dafs die Isodiazotate als Abkömmlinge einer stärkeren Säure nicht oder nur wenig dissoziiert sind, während die Syndiazotate eine stärkere Hydrolyse erleiden und so infolge des in Lösung befindlichen freien Diazohydrates Farbstoffe liefern.[1])

[1]) H. Goldschmidt. Ber. **28**, 2025, [1895].

Ausschlaggebend für die Bedeutung der erwähnten abnormen Kupplungserscheinungen ist die Tatsache, daſs durch dieselben der Wert der Methode der Konfigurationsbestimmung durch Farbstoffbildung im wesentlichen nicht beeinträchtigt wird. Das Kuppeln von Isodiazoverbindungen nach dem Behandeln mit Mineralsäuren, das sog. »Nachkuppeln« (S. 127), beruht, wie schon erwähnt, auf intermediärer Zurückführung derselben in das Syndiazohydrat:

$$\begin{array}{l} C_6H_5 \cdot N \\ \quad\;\; \| \\ \quad\;\; N \quad OK \end{array} + (HCl)_2 \xrightarrow{} \begin{array}{l} C_6H_5 \cdot N \cdot Cl \\ \quad\;\;\; ||| \\ \quad\;\;\; N \end{array} + KOH \xrightarrow{} (+ H_2O + KCl)$$

Antidiazotat (schwer kuppelnd) — Diazoniumsalz

$$\begin{array}{l} \quad\;\;\; C_6H_5 \cdot N \\ \qquad\qquad\; \| \\ \quad\; HO \cdot N \end{array} + (KCl) \cdot$$

Syndiazohydrat (leicht kuppelnd).

Diazoester.

Isomere Verbindungen von der Form $C_6H_5N = N \cdot OR$, also unitäre, nicht dissoziierbare Diazoverbindungen vom Azotypus, in welchen ein organisches Radikal an Sauerstoff gebunden ist, hätten für die Hypothese der Stereoisomerie naturgemäſs von ähnlicher Bedeutung sein müssen wie die Existenz der isomeren azoähnlichen Diazobenzolcyanide. Daher äuſserte sich auch Bamberger s. Z. dahin, die

Stereoisomerie bei Diazoverbindungen anerkennen zu wollen, wenn isomere Diazoester gefunden wären. Wenn derselbe später sogar nach der Entdeckung der stereoisomeren Diazobenzolcyanide diese Isomerie noch als Strukturisomerie aufgefaſst wissen wollte, so ist dies bei der groſsen Ähnlichkeit der Diazocyanide mit den Diazoestern nicht recht ersichtlich, man müſste denn annehmen, daſs dieser Forscher in den Diazocyaniden mehr azoähnliche Verbindungen erblicken und jene Art von Raumisomerie nur bei den typischen Diazoverbindungen, wie den Diazoestern als wahre Diazoisomerie anerkennen wollte, da alsdann die Parallele zwischen den Oximen und Diazoverbindungen auch in bezug auf die beiderseitigen Ester erst eine vollständige werden würde. Tatsache ist, daſs diese Parallele sich z. Z. leider nicht ziehen läſst, da man bisher nur eine Art von Diazoestern kennt, welche nach Hantzsch der Antireihe angehören und kaum Aussicht besteht, die labilen Formen jemals zu erhalten. Es haben daher die Untersuchungen über Diazoester die Stereoisomerie der Diazoverbindungen nicht direkt gefördert.

Die erste derartige Verbindung der p-Nitrodiazobenzolmethylester wurde von H. v. Pechmann[1]) durch Einwirkung von Jodmethyl auf das Silbersalz des p-Nitrophenylnitrosamins von Schraube und

---

[1]) Ber. **27**, 672 [1894]; **28**, 173 [1895].

Schmidt in fast farblosen Nadeln vom Schmelzpunkt 86° erhalten. Dieser Äther kuppelt mit β-Naphtholnatrium sofort. Nach Bamberger[1]) entstehen diese Ester aus normalen und Isodiazosilbersalzen, nach Hantzsch am besten aus letzteren, ferner aus Alkalidiazotaten mittels Alkohol und zwar schon in der Kälte. Ber. **29**, 462 [1896]. Sie sind äufserst labil, spontan unter Explosion zersetzlich, sehr leicht verseifbar und liefern sämtlich Azofarbstoffe. Den Diazobenzolmethylester erhielt Bamberger als braungelbes Öl, aufserdem stellte er den o-Nitro- und p-Bromdiazobenzolmethylester und den β-Diazonaphthalinmethylester dar. Nach Hantzsch verhält sich der p-Nitrodiazobenzolmethylester fast genau so wie Isonitrodiazobenzolnatrium, d. h. er kuppelt in alkoholischer Lösung bei möglichster Abwesenheit von freiem Alkali erst nach einiger Zeit.[2]) Es sei daher kein Grund vorhanden, ihn nicht als Antidiazoverbindung zu betrachten. Der absolute Beweis für diese Annahme sei nur deswegen nicht zu erbringen, weil der isomere Syndiazoester nicht existiert.[3])

[1]) Ber. **28**, 225 [1895].

[2]) Ber. **27**, 2971 [1894]. Über die Bildung des violetten Natronsalzes bei der Kupplung mit Naphtholnatrium vergl. die Originalabhandlung.

[3]) Anhangsweise erwähnt Hantzsch, dafs das Antinitrodiazobenzolhydrat beim Erwärmen mit Alkohol Stickstoff und Nitrobenzol liefert. Es ist demnach nicht nur die Konfigurationsbestimmung durch Farbstoffbildung, sondern auch jene durch Zersetzung der Diazoverbindungen keine absolute.

Im Gegensatze hierzu nimmt Bamberger an, dafs die Diazoester der normalen Reihe angehören und zwar aufser wegen der erwähnten Eigenschaften noch deshalb, weil sie zu normalen Diazotaten verseifbar seien.[1])

Die Frage der Konfiguration der existierenden Diazoester wurde erst in jüngster Zeit durch Hantzsch[2]) gelöst, welcher fand, dafs Syndiazotate in alkoholischer Lösung fast momentan zu Antidiazotat isomerisiert werden. Zur Erklärung dieser Isomerisation nimmt Hantzsch eine Alkoholyse (analog Hydrolyse) des Syndiazotates an, d. h. es werde in alkoholischer Lösung in Natronhydrat und Diazoester gespalten.

$$ArN_2 \cdot ONa \xrightarrow{n \cdot H_2O} ArN_2 \cdot OH + NaOH \text{ Hydrolyse}$$

$$ArN_2 \cdot ONa \xrightarrow{n \cdot C_2H_5OH} ArN_2OC_2H_5 + NaOH \text{ Alkoholyse.}$$

Da aber, wie bekannt, die Diazoester sehr leicht gespalten werden, so stellen sie die Übergangsprodukte der Umlagerung von normalen in Antidiazotate dar. Nun können, so schliefst Hantzsch weiter, die intermediär gebildeten Diazoester nur dann die Umwandlung der Syn- in die Antidiazotate beschleunigen, wenn die Geschwindigkeit der Isomerisation von Syn in Anti bei den Diazoestern gröfser ist als bei den Diazotaten. Da nun aber die Diazoester nur in einer

---

1) Ber. 27, 226, 3412 [1895].
2) Ann. d. Ch. 325, 226 [1903].

Modifikation bekannt sind, so können sie nach obigem nur der Antireihe zugehören und sich auch nur zu Antidiazotaten verseifen lassen, nicht wie Bamberger annahm, zu Syndiazotaten. Die Richtigkeit dieses Schlusses konnte Hantzsch experimentell beweisen. Endlich zeigte er, dafs Syndiazoäther tatsächlich nicht isoliert werden können, da aus molekularen Mengen Diazoniumsalz und Alkoholat unter allen Versuchsbedingungen nur dessen Zersetzungsprodukte Phenoläther und Stickstoff erhalten werden:

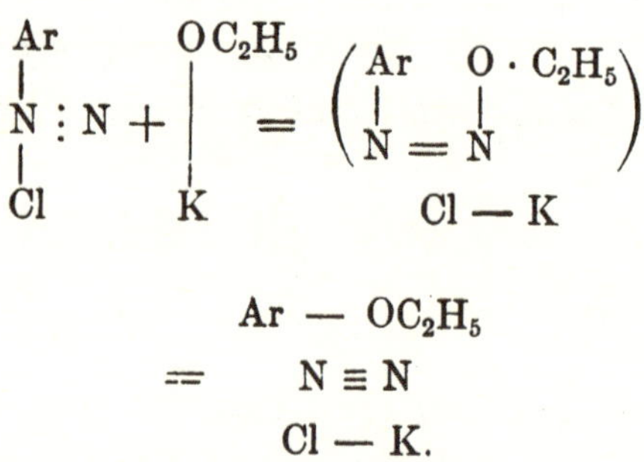

Die Frage der Existenz und Konfiguration der Diazoester dürfte also endgültig dahin entschieden sein, dafs nur Antidiazoester

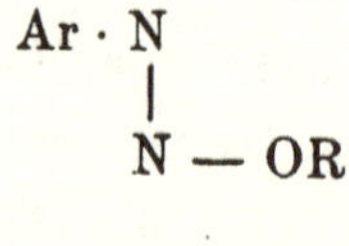

isolierbar sind.

Über die Constitution bezw. Konfiguration der Diazometallsalze (Diazotate).

In seiner ersten Abhandlung über die Stereoisomerie bei Diazoverbindungen hatte Hantzsch der Ansicht Bambergers über die Isomerie der Diazometallsalze als Strukturisomerie im Sinne der Formeln

$C_6H_5N : N \cdot OK$	und	$C_6H_5N \cdot K \cdot N : O$
normales Diazobenzolkalium		Isodiazobenzolkalium (Phenylnitrosaminkalium)

die eigene von der Stereoisomerie dieser Verbindungen im Sinne der Formeln

$$\begin{array}{c} C_6H_5 \cdot N \\ \| \\ KO \cdot N \end{array} \qquad \text{und} \qquad \begin{array}{c} C_6H_5N \\ \| \\ N \cdot OK \end{array}$$

Syndiazobenzolkalium und Antidiazobenzolkalium

entgegengesetzt. Aus äußerlichen Gründen konnte in die Beweisführung für die Richtigkeit obiger Formeln der Diazotate zunächst nicht eingetreten werden, sondern es wurde, wie wir gesehen, die sterische Hypothese zunächst durch die Existenz der beiden Diazobenzolsulfonate bezw. -Cyanide zu stützen gesucht. Inzwischen war jedoch auch das Beweismaterial für die Stereoisomerie der Diazometallsalze angewachsen und im Laufe der Zeit vervollständigt worden. Im folgenden soll hiervon ein Überblick gegeben werden.

Das von P. Griefs entdeckte Diazobenzolkalium erhält man durch Eintragen von Diazoniumsalzlösung in abgekühlte konzentrierte Kalilauge. Das auf diese Weise entstandene Salz, dessen Eigenschaften in der Folge Schraube und Schmidt, sowie Curtius studierten, ist, wie Bamberger[1]) zeigte, ein Gemisch von normalem und Isodiazotat. Reines Normaldiazobenzolkalium erhielt dieser Autor durch Eintragen einer 15proz. Diazoniumchloridlösung in eine sehr konzentrierte auf 5° abgekühlte Kalilauge. Es bildet schneeweifse, seidenglänzende, in Wasser leicht lösliche Nadeln, ist sehr hygroskopisch und färbt sich sehr rasch rosa. Gewinnungsweise und Eigenschaften des Isodiazobenzolkaliums von Schraube und Schmidt wurden bereits erwähnt (siehe S. 87). Im Jahre 1895 zeigte Hantzsch in einer Abhandlung, betitelt: »Über die Diazosulfanilsäure und ihre stereoisomeren Salzreihen«[2]) dafs zu dem bekannten, von Bamberger entdeckten neutralen Diazobenzolsulfonsauren Kali ein labiles Isomere existiert und vermehrte so die Reihe der isomeren Diazotate. Das stabile Kalisalz der Diazosulfanilsäure erhält man in der Wärme als perlmutterglänzende Blättchen; es läfst sich unverändert aus Wasser umkristallisieren, reagiert wie das Synsalz alkalisch und kuppelt nicht. Das labile Isomere erhielt Hantzsch durch Zugabe von

---

[1]) Ber. **29**, 461 [1896]; Ber. **28**, 226 [1895].

[2]) Ber. **28**, 2002 [1893].

starker Natronlauge zu einem auf 0° abgekühlten Brei von Diazoniumsulfanilsäure und Wasser bis zur Lösung und Ausfällen des Salzes mit konzentrierter Lauge bei 0° in blendendweifsen seideglänzenden Nadeln, die äufserst hygroskopisch sind, sich an der Luft rötlich färben, über Chlorkalcium aber beliebig lange haltbar sind. Das Salz reagiert stark alkalisch und kuppelt mit β-Naphthol sehr stark. Die Isomerisierung zum stabilen, nicht kuppelnden Salze erfolgt im trockenen Zustande kaum, dagegen in wässeriger Lösung innerhalb 24 Stunden vollständig.

Analogien und Unterschiede zwischen normalen und Isodiazotaten (Beweise für ihre Stereoisomerie).

Die in die Jahre 1895—1897 fallende Kontroverse zwischen Bamberger und Hantzsch über die Constitution der Diazometallsalze ist hauptsächlich dadurch charakterisiert, dafs auf der einen Seite Hantzsch, um die Annahme ihrer Stereoisomerie zu stützen, Analogien zwischen beiden Reihen von Diazotaten auf physikalischem Gebiete suchte und fand, während dagegen Bamberger die Strukturverschiedenheit derselben durch Annahme von Verschiedenheit in den chemischen Reaktionen wahrscheinlich zu machen suchte.

Es sind zunächst die Beweise für die Stereoisomerie der isomeren Alkalisalze der Diazosulfanilsäure anzuführen. Wenn beide Salze gleiche Constitution hatten, dann mufsten sie in wässeriger Lösung gleiche Ionenzahlen zeigen. Zur möglichen Ionenzahl kam Hantzsch durch folgende Überlegung: Bei der Verwandlung der freien Diazoniumsulfanilsäure in ihr normales Natriumsalz müfste der Gefrierpunkt der Lauge vor und nach der Umwandlung in das Salz dann nicht merklich verändert werden, wenn dieses Salz wie die Diazoniumsulfanilsäure nach dem Diazoniumtypus gebaut wäre. Dieses war aber nicht der Fall, sondern es wurde ein starkes Steigen des Gefrierpunktes beobachtet. Die mit dem stabilen Salze begonnenen Versuche ergaben die Ionenzahl 3; das labile lieferte den gleichen Wert. Es ionisiert sich also auch das labile (normale) Salz in wässeriger Lösung ebenso wie das Isosalz. Beide besitzen also die gleiche Struktur und die normale Diazogruppe hat in diesen Salzen annähernd dieselbe Stärke wie die Isodiazogruppe. Das normale Diazotat kann keine Diazoniumverbindung sein, denn es müfste sonst vier Ionen aufweisen. Die Bestimmung der Leitfähigkeit[1]) beider Salze ergab hiermit ganz übereinstimmende Resultate. Bei mäfsigen Verdünnungen (v_{16}—v_{64}) ist die Leitföhigkeit von Anti- und Synsalz geradezu identisch. Beide Salze sind also bei der angegebenen Verdünnung gleichartig elektrolytisch gespalten. Während aber die Zunahme der Leitfähigkeit des Antisalzes von v_{32}—v_{1021} sehr annähernd

[1]) Gerilowski und Hantzsch, Ber. **29**, 743 [1896].

den von Ostwald und Bredig[1]) für die Natriumsalze aller in wässeriger Lösung nicht hydrolytisch gespaltenen zweibasischen Säuren berechneten Wert beträgt und daher das Antisalz in wässeriger Lösung nicht hydrolysiert ist, wächst beim Synsalz die Leitfähigkeit von v_{128} an sehr stark, so dafs die Differenz $v_{32} - v_{1024}$ im Mittel 31 Einheiten gegen 17 Einheiten des Antisalzes beträgt. Hieraus folgt, dafs das Synsalz bei gröfserer Verdünnung wirklich in $NaSO_3 \cdot C_6H_4N_2 \cdot OH$ und NaOH hydrolisiert ist. Die Lösung reagiert dann auch alkalisch, während die des Antisalzes neutral reagiert. Aus diesen Untersuchungen geht hervor, dafs sowohl der Syn- als auch der Antidiazokomplex saure Eigenschaften besitzen, dafs aber ersterer etwas schwächer sauer ist als letzterer. Die Verschiedenheiten des syndiazosulfanilsauren Natrons und des antidiazosulfanilsauren Natrons von einander sind daher nur graduelle und können demnach nur auf Stereoisomerie zurückgeführt werden und Hantzsch formuliert beide Salze daher auf folgende Weise:

$$\begin{array}{r} NaO_3S \cdot C_6H_4 \cdot N \\ \| \\ NaO \cdot N \end{array} \qquad \begin{array}{l} NaO_3S \cdot C_6H_4 \cdot N \\ \qquad\qquad\quad \| \\ \qquad\qquad\quad N \cdot ONa \end{array}$$

Synsalz — Antisalz.

Die Stereoisomerie der diazosulfanilsauren Salze ist somit auf physikochemischem Wege dargetan

[1]) Z. f. phys. Ch. 13, 222.

und es erscheinen die Hinweise Bambergers, dafs diese Art der Beweisführung der reinchemischen nachstehe als mit den Tatsachen im Widerspruche stehend.

Die Reihe der Beweise zugunsten der Annahme von Stereoisomerie bei den einfachen Diazotaten $C_6H_5N_2 \cdot O.Me$ eröffnete Goldschmidt[1]) durch Bestimmung des Molekulargewichtes des Isodiazobenzolkaliums in wässeriger Lösung. Der erhaltene Wert 90,5 (berechnet 161) zeigte, dafs dieses Salz fast vollständig in die Ionen $C_6H_5N_2 \cdot O$ und K zerfallen ist. Anderseits besafs eine Lösung des normalen Salzes, welche aus einer Kalilauge von bekanntem Gehalt und Gefrierpunkt durch Eintragen von Diazoniumchlorid erhalten war, den gleichen Gefrierpunkt wie die ursprüngliche Lauge; es war also die Zahl der in Lösung befindlichen Ionen dieselbe geblieben, d. h. das gebildete normale Diazotat war ebenfalls fast völlig in Ionen gespalten. Hieraus folgt aber, dafs normale und Isodiazotate die gleiche Constitution besitzen, oder mit anderen Worten, dafs ihre Isomerie nur Stereoisomerie sein kann im Sinne:

$$\begin{array}{c} C_6H_5 \cdot N \\ \| \\ KO \cdot N \end{array} \quad \text{und} \quad \begin{array}{l} C_6H_5 \cdot N \\ \qquad\;\; \| \\ \qquad\;\; N \cdot OK \end{array}$$

Syndiazobenzolkalium Antidiazobenzolkalium.

---

1) Ber. 28, 2020 [1895].

Es ist also, wie aus obigem hervorgeht, die Verschiedenheit der Alkalidiazotate nur eine graduelle nicht strukturelle. Das neutral reagierende Antisalz ist das Salz der stärkeren, das in verdünnten Lösungen hydrolytisch gespaltene Synsalz das der schwächeren Säure. Bamberger, welcher die Argumente von Hantzsch nicht anerkannte, stellte, wie schon auf S. 201 angedeutet, für die normalen Diazotate die Diazoformel, für die Isodiazotate die Azoformel auf:

$$\underset{\text{normales Diazotat}}{\begin{array}{c}C_6H_5N \cdot OK \\ \parallel\!| \\ N\end{array}} \qquad \underset{\text{Isodiazotat.}}{C_6H_5 \cdot N = N \cdot OK}$$

Auf den Einwand von Hantzsch[1]), diese Formel des normalen Diazotates bedeute eine contradictio in adjecto; denn es gebe kein Alkalimetall, dessen Hydrat zugleich saure Eigenschaften besäfse und ferner nach Bamberger sei das Diazoniumhydrat das einzige »Ammoniumhydrat«, welches durch Hydroxylionen nicht zerstört, sondern geradezu konserviert würde, wie es auch das einzige Ammoniumhydrat wäre, welches nicht als starke Base, sondern als Säure fungieren würde, erwidert Bamberger erstlich nur, das Diazonium sei eben kein Alkalimetall und mit $(CH_3)_4N \cdot OH$ wahrscheinlich ebensowenig vergleichbar wie mit KOH[1]) und betonte die angebliche aufserordentliche Unbeständigkeit der normalen Diazotate,

[1]) Ber. **29**, 457 [1896].

wogegen, wie wir sahen, Hantzsch gerade das Gegenteil direkt an den festen Verbindungen selbst und indirekt durch das physikalische Verhalten ihrer wässerigen Lösungen zeigen konnte. Um die Annahme von Strukturverschiedenheit bei den Diazotaten zu stützen, suchte, wie eingangs erwähnt, Bamberger nach chemischen Verschiedenheiten derselben. So sollte z. B. nach seinen Beobachtungen nur das Isodiazobenzolkalium durch Natriumamalgam zu Phenylhydrazin reduziert werden können, das normale labile dagegen nicht. Hantzsch[1]) zeigte jedoch bald darauf, dafs beide Reihen unter bestimmten Bedingungen fast gleich leicht Phenylhydrazin liefern, und dafs aus normalem Diazotat bei starker Verdünnung deshalb fast kein Phenylhydrazin erhalten wird, weil das in solchem Falle durch Hydrolyse des Diazotates vorhandene Diazobenzolhydrat auf schon vorhandenes Phenylhydrazin unter Harzbildung (Benzol?)[2]) zerstörend einwirkt. Später fand Hantzsch[3]) aufserdem, dafs der von Bamberger[4]) angenommene Unterschied zwischen beiden Reihen in bezug auf die Reaktion mit Benzoylchlorid nicht besteht, da, wie er fand,

---

[1]) Ber. **30**, 339 [1897].

[2]) Vor kurzem wies ich nach, dafs auch bei der P. Friedländerschen Reaktion der Bildung von Benzol aus normalem Diazotat und Zinnoxydulnatron intermediär Phenylhydrazin entsteht, Ber. **36**, 813 [1903].

[3]) Ber. **30**, 621 [1897]; **32**, 1718 [1899].

[4]) Ber. **30**, 211 [1897].

beide Isomeren hierbei fast gleiche Ausbeuten an Nitrosobenzanilid liefern.

Es war somit gezeigt, daſs die isomeren Diazotate auch in ihren chemischen Reaktionen nicht nur keine Verschiedenheiten, sondern Analogien zeigen. Es kann demnach bei ihnen von Strukturisomerie nicht mehr die Rede sein.

Die von Bamberger[1]) gefundenen Bildungsweisen von Syndiazotaten aus Nitrososäureaniliden durch Alkali, sowie aus Diazobenzolsäure erscheinen eindeutig, doch kann die Erklärung derselben erst später erfolgen. Eindeutig ist ferner die Bildung von Antidiazotaten aus Nitrosobenzol und Hydroxylamin (siehe S. 202).

Hantzsch wies ferner a. a. O. darauf hin, daſs in den normalen Diazotaten das Ion

$$\begin{array}{ccc} C_6H_5 \cdot & N & \cdot\, O \\ & ||| & \\ & N & \end{array}$$

nicht vorhanden sein könne, da dieselben dann als Diazoniummetallsalze aufzufassen wären. Sie müssen sich vielmehr von einem durch molekulare Umlagerung aus dem Diazoniumhydrate erzeugten Ion $C_6H_5N : N \cdot O$ ableiten, nämlich dem Syndiazoion:

$$\begin{array}{cc} C_6H_5 \cdot & N \\ & || \\ O \cdot & H \end{array}$$

[1]) Ber. **27,** 915 [1894].

Bamberger[1]) liefs sich später, wie er selbst erwähnt, davon überzeugen, dafs eine Base von der Affinitätsgröfse des Diazoniumhydrates nicht zugleich Säure sein kann und gibt damit die Diazoniumformel für die normalen Diazotate endgültig auf. Nach wie vor aber Gegner der sterischen Auffassung der Isomerien bei Diazoverbindungen, ist Bamberger nunmehr gezwungen, seine Anschauungen zum dritten Male zu ändern und schlägt daher für die normalen Diazotate die Formeln

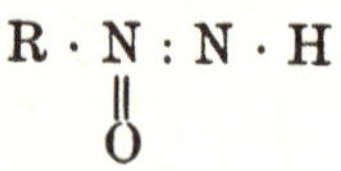 und 

vor.

Die Struktur der normalen Diazotate sei z. Z. noch unbekannt. Bambergers Diazotheorie aus dem Jahre 1900 kann in bezug auf die Diazosäure- und Diazometallsalze etwa so illustriert werden:

Es gibt:

1. $Ar \cdot \underset{\underset{N}{\|\|\|}}{N} \cdot An$[2])	2. $Ar\,(N_2OMe)$
Diazoniumsalze	normale Diazotate von unbekannter Struktur (Formeln für normales Diazobenzolhydrat siehe oben).

3. $Ar \cdot N : N \cdot O \cdot Me$ Isodiazotate.

---

[1]) Ann. d. Chem. **313**, 97 [1900].

[2]) Ar = Aryl; neue Bezeichnungsweise für aromatisches Radikal; An = Anion; eingeführt von Bamberger.

Anhang: Diazoanhydride.

Bamberger[1]) entdeckte vermöge seiner eminenten Experimentierkunst im Jahre 1896 eine bemerkenswerte Reaktion der normalen Diazotate, die er als Beweis für seine strukturelle Auffassung der Isomerie dieser Klasse von Diazoverbindungen heranzog. Während nämlich Isodiazotate mit Mineralsäuren stets primär die ihnen in bezug auf Farbe und Reaktionen entsprechenden Isodiazohydroxyde

$$\text{Alph} \cdot N_2 \cdot \text{OK} \longrightarrow \text{Alph} \cdot N_2 \cdot \text{OH}$$ [2])

in öliger oder kristallisierter Form liefern, geben die normalen Diazometallsalze unter bestimmten Bedingungen intensiv gelb gefärbte Produkte von enorm explosivem Charakter, welche keine Diazohydoxyde, sondern deren Anhydride sind. Bamberger bezeichnet diese Verbindungen als Diazoanhydride oder Diazoniumoxyde. Alph. $N_2 \cdot O \cdot N_2$ · Alph.[3]) Diese Verbindungen, welche nur einer vollendeten Experimentierkunst ihre Charakterisierung verdanken, sind explosibler als Chlorstickstoff. Sie explodieren nicht nur auf Ton in feuchtem Zustande, sondern auch oftmals in einer Kältemischung. Durch Alkalien gehen

---

[1]) Ber. **29**, 446 [1896].

[2]) Über die Zusammensetzung freier Isodiazohydrate siehe Kapitel Diazohydrate.

[3]) Vergl. das Diazosulfid: $R \cdot N_2 \cdot S \cdot N_2 \cdot R$. Ber. **29**, 272 [1896]; ebenfalls eine **gelb** gefärbte Substanz.

sie in normale Diazometallsalze, durch Mineralsäuren in Diazoniumsalze über; mit aliphatischen Alkoholen liefern sie Diazoester, mit aromatischen Aminen erhält man Diazoaminoverbindungen, mit Ammoniak Bisdiazoaminokörper, mit Brom Diazoperbromide. Bamberger erinnert daran, daſs schon Grieſs halogenisierte Diazoanhydride angestellt, sie aber für »freie Diazobenzole« gehalten hatte.

Die hauptsächlichsten Bildungsweisen dieser interessanten Produkte erklärt der Entdecker durch folgende Symbole:

$$\begin{array}{l} \left(\begin{array}{c} R\cdot N\cdot OK \\ ||| \\ N \end{array}\right)_2 + (HCl)_2 \\ \\ \left(\begin{array}{c} R\cdot N\cdot Cl \\ ||| \\ N \end{array}\right)_2 + (KOH)_2 \end{array} \rightarrow \left[\begin{array}{c} R\cdot N\cdot O\cdot N\cdot R \\ |||\qquad ||| \\ N\qquad N \end{array}\right] \begin{array}{l} ^{1)}\ + 2\,KCl + H_2O \\ \\ ,\ + 2\,KCl + H_2O. \end{array}$$

Dahingegen weist Hantzsch[2]) darauf hin, daſs diese sogenannte Diazoniumoxyde ihrem ganzen Verhalten nach, so besonders wegen ihrer Farbigkeit als Diazooxyde $C_6H_5\cdot N:N\cdot O\cdot N:NC_6H_5$ aufzufassen sind. Später fand er, daſs aus den Diazoanhydriden mittels Blausäure sehr glatt Syndiazocyanide entstehen.[3]) Ferner erinnerte Hantzsch daran, daſs die Tatsache der langsamen Bildung von Diazoniumchlorid aus

---

[1]) Es erscheint interessant, daſs schon Erlenmeyer diese Formel aufgestellt hat. Siehe S. 40.

[2]) Ber. **30,** 621 [1897].

[3]) Ber. **31,** 636 [1898].

Diazooxyden mittels Salzsäure Bedenken gegen ihre Auffassung als Diazoniumoxyde errege. Gesetzt, sie wären tatsächlich solche, so vollzöge sich in denselben durch die so schwache Blausäure eine Umwandlung in einen anderen Typus sehr leicht, während die starke Salzsäure eine weniger eingreifende Veränderung schwerer zu bewirken vermöchte. Die tatsächlichen Vorgänge fänden durch die Annahme, die Diazooxyde seien Azokörper, die beste Erklärung.

Anschliefsend an seine Ausführungen über die Diazooxyde macht Bamberger die interessante Bemerkung, dafs, entgegen den Ansichten von Schraube und Schmidt, die Anwesenheit von freiem Alkali nicht die Ursache der Isomerisation von normalen Diazotaten zu den Isoverbindungen zu sein scheine, sondern dafs sie erstere nur vor weiterer Zersetzung bewahre, und dafs die Isomerisation trotz der Anwesenheit freien Alkalis lediglich infolge von Temperaturerhöhung erfolge.[1]) Diese Angaben stimmen genau mit jenen von Hantzsch[2]) überein, wonach die Isomerisation des normalen diazobenzolsulfonsauren Kalis durch Zusatz von Alkali gehemmt wird.

[1]) Ein starkes Argument für die sterische Auffassung dieser Isomerie.

[2]) Ber. **28**, 2007 [1896]. Bamberger formulierte später die Diazooxyde als Diazoniumdiazotate: $Ar \cdot \underset{\substack{\||| \\ N}}{N} \cdot O \cdot N : N \cdot Ar$.

Am Schlusse dieses Kapitels mag noch Erwähnung finden, dafs, wie Hantzsch später fand, aus Anisol- und Pseudokumoldiazoniumsalzen sich durch Alkali die betreffenden Syndiazotate aufserordentlich leicht in reinem Zustande erhalten lassen.

Zur Constitution der freien Diazohydroxyde.

Das positive ammoniumähnliche Radikal Diazonium geht, wie wir gesehen haben, unter Einwirkung von Alkalien auf die Säuresalze des Diazobenzols in das negative »säureähnliche« Radikal Phenylazo über. Es waren natürlich von Beginn der Untersuchungen über die Diazoverbindungen an die durch Einwirkung von Hydroxylionen etwa erhältlichen hydratischen Zwischenprodukte zwischen diesen Säuresalzen und den Alkalisalzen des Diazobenzols von gröfstem Interesse, da sie eventuell über die Doppelnatur des Komplexes ($C_6H_5N_2$) näheren Aufschlufs geben konnten, als die beiden Endglieder der Reihe seiner möglichen Derivate. Die Eigenschaften des aus Diazobenzolkalium durch Essigsäure als gelbliches Öl isolierten »Diazobenzols« von Griefs konnten bekanntlich s. Z. wegen der grofsen Zersetzlichkeit dieses Körpers nicht genau festgestellt werden. Kekulé stellte für das freie Diazobenzol die Formel $C_6H_5N : N \cdot OH$ auf. Infolge der Entdeckung des Isodiazobenzolkaliums durch Schraube und Schmidt wurde die

Existenz eines von diesem Salze abgeleiteten Isodiazobenzols von der Formel $C_6H_5NH \cdot N : O$ (Phenylnitrosamin) angenommen. Nach der stereochemischen Theorie der Diazoverbindungen von Hantzsch durfte man sodann an die Möglichkeit der Existenz zweier stereoisomerer Diazobenzolhydrate

$$\begin{array}{r} C_6H_5N \\ \| \\ HO \cdot N \end{array} \quad \text{und} \quad \begin{array}{l} C_6H_5N \\ \| \\ N \cdot OH \end{array}$$

Syndiazobenzolhydrat Antidiazobenzolhydrat

denken, und es war, wenn das Diazonium wirklich eine weitgehende Analogie mit dem Ammonium besaſs, nicht unwahrscheinlich, daſs man ein Diazoniumoxydhydrat

$$\begin{array}{l} C_6H_5N \cdot OH \\ \quad\;\, ||| \\ \quad\;\, N \end{array}$$

finden würde.

Unermüdlichem Forschersinne ist es gelungen, auch auf dem Gebiete der Diazohydrate alle wünschenswerte Klarheit zu erzielen.

Diazoniumoxydhydrat[1]) Hantzsch 1898.

Nachdem Salze des Diazobenzols nicht nur mit Mineralsäuren, sondern auch mit Essigsäure und von Hantzsch sogar Diazoniumkarbonate erhalten worden waren, auch letztere sich in allen wesentlichen Punkten

[1]) Ber. **31**, 340 [1898].

wie Karbonate der Alkalien verhielten und das Diazonium im Laufe der Zeit immer mehr Eigenschaften eines Ammoniums zeigte, schlofs Hantzsch, dafs auch dessen Hydrat existieren könne und eine starke Base sein müsse, die nicht gegenüber anderen Basen wie Kali etc. die Rolle einer Säure spielen könne, wie Bamberger und Blomstrand tatsächlich annahmen. Diese Schlufsfolgerung erwies sich als richtig, denn es gelang Hantzsch durch Digerieren von Diazoniumsalzlösungen mit Silberoxyd bei 0° wässerige Lösungen von Diazoniumoxydhydrat zu erhalten:

$$C_6H_5 \cdot \underset{\underset{N}{|||}}{N} \cdot Cl + AgOH = C_6H_5 \cdot \underset{\underset{N}{|||}}{N} \cdot OH + AgCl$$

Diazoniumhydratlösungen reagieren wie erwartet war, stark alkalisch und kuppeln rasch und intensiv schon mit freiem β-Naphthol. Ganz reine Diazoniumhydratlösungen sind farblos. Das Hydrat läfst sich wie Ammoniumhydrat mit Säuren auf den neutralen Punkt scharf titrieren. Auf die angegebene Weise werden Lösungen von 70—75% Diazoniumhydrat erhalten. Dieses Hydrat kann auch durch Umsetzung von Diazoniumsulfatlösung mit Barythydrat erhalten werden. Diazoniumhydratlösungen sind bei gewöhnlicher Temperatur sehr zersetzlich, werden rasch mifsfarbig und setzen dann grofse Mengen Harz ab. Der Diazostickstoff dieser Lösungen kann nach vorherigem Ansäuern bei 0° durch Kochen im Kohlensäurestrome bestimmt werden. Das Diazoniumhydrat entspricht bezüglich des Grades seiner Zersetzlichkeit natürlich nicht den beständigen quarternären organischen Ammoniumbasen, sondern etwa dem Chinolinmethyliumhydrate. Beim Schütteln mit Kupferpulver findet Stickstoffentwicklung und Phenolbildung statt; mit Ammoniak erhält man Bisdiazoaminobenzol mit Anilinlösung Bisdiazobenzolanilid: durch Schütteln mit Zinkstaub bildet sich glatt Phenylhydrazin.

Bestimmungen der Leitfähigkeit des Diazoniumhydrates durch Davidson und Hantzsch[1]) ergaben, dafs diese Base fast 70 mal so stark wie Ammoniumhydrat und sogar noch etwas stärker als Piperidiniumhydrat ist und sonach an der Spitze der nach Bredigs Einteilung zweitstärksten Basen steht; doch wird es von den stärksten Basen der ersten Gruppe, den Alkali- und Tetraalkylammonium-Hydraten erheblich übertroffen.

Diazonium nicht absolut analog Tetraalkylammonium; Übergang von Diazoniumhydrat in Syndiazohydrat durch Hydroxylionen.

Dafs Diazonium nicht vollkommen analog dem Tetraalkylammonium ist, zeigten Davidson und Hantzsch auf folgende Weise:

---

[1]) Ber. **28**, 2020 [1896].

Es entstand die Frage, wie der undissoziierte Teil der Hydratlösung $C_6H_5N_2 \cdot OH$, das undissoziierte

$$\begin{matrix} C_6H_5N \cdot OH \\ \equiv \\ N \end{matrix}$$

Diazoniumhydrat sich durch Hydroxylionen verändern werde. Es wird hier gezeigt, dafs die Analogie der Diazoniumsalze mit den quarternären Ammoniumsalzen deswegen keine völlige ist, weil das Diazonium statt dreier Alkyle nur ein einziges dreifach gebundenes Stickstoffatom enthält. Nun sind nach verschiedenen Versuchen, u. a. auch von Goldschmidt alle jene quarternären Ammoniumhydrate mehr oder weniger unbeständig, welche an Stelle der Alkyle ein doppelt gebundenes Kohlenstoffatom oder einen mehrwertigen Kohlenstoffring enthalten, z. B. das Pyridin- und Chinoliniumhydrat. Während also die Tetraalkylammoniumhydrate beständig sind, zersetzen sich die genannten Basen unter dem Einflusse von Hydroxylionen (Laugen) mehr oder minder leicht zu nicht mehr basischen Körpern, indem das Ammoniumhydroxyl an den benachbarten Kohlenstoff wandert.

Nun ist das Diazonium mit seinem dreifach gebundenen Stickstoffatom ganz ähnlich gebaut wie jene Ammoniumbasen und wird sich daher mit Hydroxylionen analog und sogar noch leichter als diese umlagern.

Wie also aus

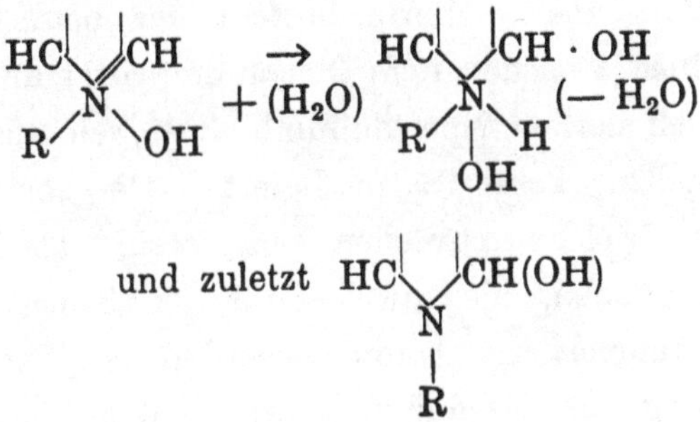

wird, so wird aus

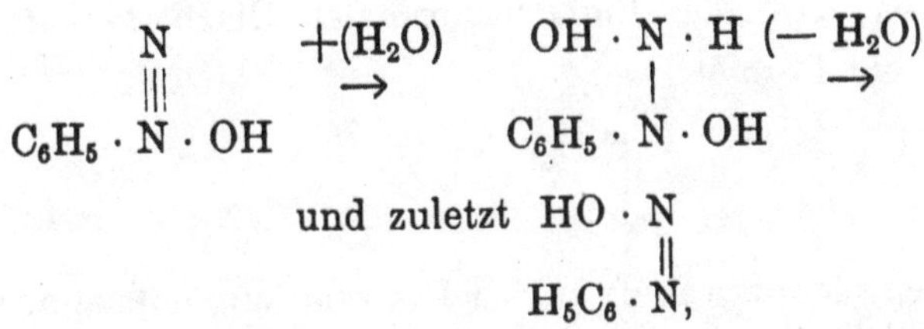

d. h. Diazoniumhydrat geht durch Hydroxylionen in Syndiazohydrat über, welches wie jene obigen Umwandlungsprodukte nicht mehr basisch, sondern eine sogar deutlich **saure** Substanz ist. Dafs aber die Hydratlösung ($C_6H_5N_2OH$) beim Behandeln mit Alkalien **salzbildend** wirkt, wurde einerseits durch Leitfähigkeitsbestimmungen der Systeme $C_6H_5N_2OH$ + nNaOK und anderseits auf kalorimetrischem Wege ermittelt. Diese Salzbildung kann nun nicht durch das **basische** Diazoniumhydrat hervorgerufen sein, sondern nur eine Folge der durch das Alkali erfolgten Umwandlung in das saure Syndiazotat sein.

Diazoniumhydrat geht also durch Alkalien in Syndiazotat über. Hierin besteht der beträchtliche Unterschied zwischen dem Diazoniumhydrat und dem etwa gleich starken Piperidiniumhydrat, welch letzteres mit Alkalien keine Salze liefert. Da aber auch Kationen, welche schwächer positiv sind als Piperidinium-Kationen, nie durch einfachen Zutritt eines Sauerstoffatomes zu Anionen werden, so kann die Salzbildung aus Diazoniumhydrat nicht auf dem Zutritt von Sauerstoff zum unveränderten Diazonium beruhen, d. h. das Ion der normalen Diazotate kann nicht die Formel

$$\begin{matrix} C_6H_5 \cdot & N & \cdot O \\ & ||| & \\ & N & \end{matrix}$$

besitzen, sondern mufs durch Umwandlung entstanden sein und die Formel $C_6H_5N : N \cdot O$ haben. Dieses Anion ist dann analog dem ebenfalls schwach sauren Ion des Benzoldaxims.

Wiederaufnahme und Begründung der Nitrosaminformel des freien Iso-Antidiazobenzols durch Hantzsch (Pseudosäuren) 1899.[1])

Die seit der Entdeckung der Isomerie bei Diazoverbindungen durch eine Anzahl von Forschern wie Nef, Holleman geförderten Studien über Tautomerie fanden seit dem Jahre 1899 glücklichste Anwendung

---

[1]) Ber. **32**, 575 [1899].

auf noch ungelöste Fragen bezüglich der Constitution des Isodiazobenzols bzw. seiner Salze mit Alkalien. Bekanntlich formulierte Bamberger beide in folgender Weise:

$$C_6H_5N \cdot H \cdot N : O \qquad C_6H_5N \cdot Me \cdot N : O$$

Isodiazobenzol Isodiazobenzolsalz.

Nach Hantzsch' seinerzeitiger Entgegnung sind Nitrosaminsalze mit Metall am Stickstoff nicht existenzfähig und er formuliert beide Verbindungen also:

$$\begin{array}{c} C_6H_5N \\ \| \\ N \cdot OH \end{array} \qquad \begin{array}{c} C_6H_5N \\ \| \\ N \cdot OK \end{array}$$

Iso-Antidiazobenzol Iso-Antidiazobenzolkalium.

Auf Grund seiner Untersuchungen über Phenylnitromethan und Iso-Phenylnitromethan sprach nun Hantzsch den Satz aus: Wenn von beiden möglichen tautomeren Formen einer Substanz, die eine ein Elektrolyt (Säure oder Base), die andere ein Nichtelektrolyt ist, läfst sich die Constitution vieler tautomerer Verbindungen bestimmen. So ist z. B. echtes Phenylnitromethan $C_6H_5 \cdot CH_2 \cdot NO_2$ stabil, neutral, nicht leitend und nicht direkt salzbildend, geht aber durch Alkalien über in Iso-Phenylnitromethan $C_6H_5CH = NO \cdot OH$, im freien Zustande sehr labil, sauer, leitend und beständige Salze bildend.

Solche Körper, welche nur unter Änderung ihrer Constitution Salze bilden, nennt Hantzsch »Pseudosäuren« und das Verhalten dieser Stoffe gegen Alkalien, sowie dasjenige ihrer Salze gegen Säuren bezeichnet er als »langsame oder zeitliche Neutralisationsphänomene«. Wenn also 1. bei einer Wasserstoffverbindung langsame oder zeitliche Neutralisationsphänomene beobachtet werden, so ist dieselbe eine Pseudosäure, 2. eine nicht oder kaum leitende Wasserstoffverbindung, ein nicht oder kaum hydrolysiertes, neutrales (in wässeriger Lösung vollständig ionisiertes) Alkalisalz bildet, so hat dieses Salz eine andere Constitution als die ursprüngliche Wasserstoffverbindung, d. h. letztere ist eine »Pseudosäure«.

Der experimentelle Nachweis solcher Erscheinungen ist natürlich in erster Linie durch die Leitfähigkeit zu führen, aber auch durch Titration. So gibt Isodinitroäthannatrium, welches neutral reagiert mit 1 Mol. Salzsäure wieder eine neutrale Lösung. Die Salzsäure wird also nicht durch eine Base, sondern durch ein neutrales Salz neutralisiert, oder umgekehrt: freies Natron läfst sich durch eine neutrale wässerige Lösung von Dinitroäthan geradeso wie durch eine Säure neutralisieren. Diese Vorgänge werden »abnorme Neutralisationsvorgänge« genannt. Sie sind das Kennzeichen stattfindender intramolekularer Atomverschiebungen und treten nur auf bei Pseudosäuren und den Salzen der ihnen isomeren echten Säuren. Pseudosäuren reagieren nur indirekt, d. h. unter

Mitwirkung von Wasser mit Ammoniak, PCl_5 und Säurechloriden.[1])

Die Untersuchungen von Hantzsch[2]) ergaben nun zunächst, dafs auch die aus den Antidiazotaten erhältlichen freien Wasserstoffverbindungen, die Phenylnitrosamine solche Pseudosäuren sind, da sie nur unter Strukturveränderung in Diazotate überzugehen vermögen:

$$\begin{array}{l} Ar \cdot N \\ \;\;\;\;\; \| \\ \;\;\;\;\; N \cdot OMe \end{array} \quad \rightarrow \quad \begin{array}{l} Ar \cdot N \cdot H \\ \;\;\;\;\;\;\, | \\ \;\;\;\;\;\;\, N : O. \end{array}$$

Später konnten sodann Hantzsch und Pohl[3]) sogar die zu den Antidiazotaten gehörigen labilen strukturidentischen Hydrate isolieren. Hiermit war zugleich zum erstenmal gezeigt, dafs Strukturisomerie innerhalb eines rein anorganischen Atomkomplexes N_2OH auftreten kann, nämlich: $-N=N \cdot OH$ und $-NH \cdot N:O$.

Es soll hier über Entstehung und Eigenschaften der Phenylnitrosamine und der ihnen strukturisomeren Antidiazohydrate das Notwendigste Erwähnung finden.

---

[1]) Vergl. Goldschmidts Prinzip der Reaktion tautomerer Substanzen mit nicht ionisierten Stoffen in nicht ionisierend wirkenden Lösungsmitteln. Ber. **23,** 253 [1890]. Hierher gehört auch die sogen. Ammoniakreaktion von Hantzsch. Ber. **32,** 587 [1899]. — Wenn eine Wasserstoffverbindung mit trockenem Ammoniak nicht direkt additionell ein Salz bildet, wohl aber indirekt, d. h. unter Vermittlung von Wasser, so ist fragliche Wasserstoffverbindung eine Pseudosäure. Vergl. auch Ber. **35,** 226 [1902].

[2]) Hantzsch und Engler. Ber. **32,** 1703 [1899].

[3]) Ber. **35,** 2964 [1902].

1. Phenylnitrosamine. Es gibt, wie Hantzsch zeigte, keine wahren Nitrosaminmetallsalze von der Form $C_6H_5N \cdot Me \cdot N : O$, welche, wenn sie existierten, in wässeriger Lösung noch stärker hydrolytisch gespalten sein müfsten als Phenolnatrium. Die tatsächlich existierenden Salze $C_6H_5N_2 \cdot ONa$ reagieren wie z. B. Antidiazobenzolnatrium völlig neutral, oder wie Syndiazobenzolnatrium nur in sehr grofser Verdünnung schwach alkalisch. Durch Säuren wird jedoch, wenn man ohne besondere Kautelen arbeitet, aus dem wahren Antidiazotate infolge molekularer Umlagerung die Pseudosäure Phenylnitrosamin erhalten:

$$\begin{array}{c} Ar \cdot N \\ \| \\ N \cdot ONa \end{array} \quad \longrightarrow \quad \begin{array}{c} Ar \cdot N \cdot H \\ | \\ N : O. \end{array}$$

Dafs dieser Vorgang tatsächlich so stattfindet, bewies Hantzsch durch Bestimmung der Leitfähigkeit einer sehr verdünnten Lösung von p-Bromantidiazobenzolkalium, die mit der berechneten Menge Salzsäure versetzt war. Das auf diese Weise aus $(Br \cdot C_6H_4N : N \cdot OK + HCl)$ erhaltene System $(Br \cdot C_6H_4 \cdot N_2 \cdot OH + KCl)$ ergab nämlich nur den Leitfähigkeitswert des Chlorkaliums; es hatte sich daher das primär entstandene leitende Antidiazohydrat spontan in das nichtleitende Phenylnitrosamin verwandelt.

Die fraglichen Nitrosamine sind feste, kristallinische, stets gelb gefärbte Verbindungen; in Wasser ziemlich schwer, in organischen Mitteln leicht löslich. Sie reagieren auch in Lösung neutral, sind keine Elektrolyte, neutralisieren aber trotzdem Alkalilaugen. Mit Phosphorchloriden und trockenem Ammoniak bleiben sie bei Zimmertemperatur unverändert. Sie sind also Pseudosäuren. Endlich fand Hantzsch, dafs diese Verbindungen auch bei Ausschlufs von Wasser mit β-Naphthol langsam kuppeln. Es kommt also Kuppelungsfähigkeit nicht nur dem normalen und Isodiazo- sondern auch dem Nitrosamintypus zu. Mit verdünnten Mineralsäuren (Wasserstoffionen) wandeln sich diese Nitrosamine langsam in Diazoniumsalze um. (Vergl. die erste Formulierung dieses Vorganges durch Japp und Klingemann S. 64, Anm. 1 und auch Bamberger Ber. **33**, 3513 [1900]). Mit trockener Salzsäure in ätherischer Lösung dagegen entstehen ohne Änderung der Struktur vorher auch sonst beobachtete Nitrosaminsalze: Ar · N · H · NO · HCl.

2. Antidiazohydrate erhielt Hantzsch in fester Form durch Fällung der Lösungen der Antidiazotate mit der berechneten Menge Essigsäure bei niedriger Temperatur in Form von farblosen kristallinischen Niederschlägen. Diese Verbindungen sind naturgemäfs labil und werden schon durch den Übergang in wässerige Lösung zu den Nitrosaminen isomerisiert; solche Lösungen reagieren nämlich neutral. Die Umlagerung durch das Wasser wird wahrscheinlich dadurch hervorgerufen, dafs in demselben das Antidiazohydrat a priori zum Teil ionisiert ist und

der vom Sauerstoff abdissoziierte Wasserstoff dann vom Stickstoff fixiert wird:

$$\begin{matrix} Ar \cdot N \\ \| \\ NO' + Me^{\cdot} \end{matrix} \rightarrow \begin{matrix} Ar \cdot N \\ \| \\ NO' + H^{\cdot} \end{matrix} \rightarrow \begin{matrix} Ar \cdot NH \\ | \\ NO. \end{matrix}$$

Das chemische Verhalten der Antidiazohydrate ist im Gegensatze zu dem der isomeren Phenylnitrosamine dasjenige von wahren Säuren. Sie reagieren also mit Phosphorchloriden, Säurechloriden und trokkenem Ammoniak direkt; ebenso mit Phenylisocyonat. Sie kuppeln rascher als die Nitrosamine. Die Isolierung der Antidiazohydrate konnte infolge ihrer Labilität nur in wenigen Fällen realisiert werden. Ihr Verhältnis zu den ihnen strukturisomeren stabilen Nitrosaminen erinnert sehr an jenes der Isonitroverbindungen zu den wahren Nitroverbindungen.

Zum Schlusse mögen die beiden Reihen von strukturisomeren Diazoverbindungen mit ihren wichtigsten Eigenschaften nebeneinander gestellt werden:

1. Primäre Nitrosamine (stabil).

Pseudodiazohydrate.

$$\begin{matrix} C_6H_5 \cdot N \cdot H \\ | \\ N : O \end{matrix}$$

Gelb gefärbt, Nichtleiter, ohne Indikatorreaktion und ohne bestimmbare Affinitätskonstante; lagern sich bei der Salzbildung mit Alkalien in den echten Antidiazotattypus um. Reagieren nicht mit Acetylchlorid, Phosphorchloriden und trockenem Ammoniak.

2. Antidiazohydrate (labil).

$$\begin{array}{l} C_6H_5 \cdot N \\ \qquad\;\; \| \\ \qquad\;\; N \cdot OH \end{array}$$

Farblos; reagieren direkt mit Säurechloriden, Phosphorchloriden und trockenem Ammoniak. In wässeriger Lösung sind sie zu den Phenylnitrosaminen isomerisiert.

Durch die Untersuchungen von Hantzsch über die Diazohydrate wurde auch auf diesem schwierigsten Gebiete der Diazochemie alle wünschenswerte Klarheit erbracht und die Annahme anderer Forscher, dafs das freie Diazobenzol in der Form von Phenylnitrosamin beständig sei, erst exakt bewiesen. Eine offene Frage dürfte es zunächst bleiben, ob das Phenylnitrosamin das erste oder, wie Bamberger annimmt, das zweite Produkt der Einwirkung von salpetriger Säure auf Anilin ist (siehe S. 94). Nach den bisherigen Untersuchungen von Hantzsch kann es sich nur aus dem Antidiazobenzohydrate bilden und wäre demnach das sekundäre Produkt. Bamberger scheint durch die »Isodiazotierung« (siehe S. 11 und 92) nur bewiesen zu haben, dafs unter bestimmten Umständen, nämlich bei Anwesenheit von negativen Substituenten im Benzolkerne, die stabile Antisalzform und mit ihr das Nitrosamin leichter entsteht als die normale Diazoverbindung. Dafs die Isodiazotierung des Anilins (Ber. **33**, 3511 [1900]) mittels Nitritestern und Alkoholaten zunächst zu Antidiazotaten und nur indirekt zu Nitrosaminen führt, ist bei der Ähnlichkeit dieser Reaktion mit jener von Schraube und Schmidt nicht zu verwundern. Die freien Isodiazonaphthaline von Bamberger (siehe S. 89) sind nach Untersuchungen von A Engler: Antidiazonaphthalinsalze und Naphthylnitrosamine (Ber. **33**, 2188 [1900]) ebenfalls Nitrosamine.

Zu den Pseudosäuren der Diazobenzolreihe gehört auch die von Bamberger entdeckte Diazobenzolsäure $C_6H_5NH \cdot NO_2$. Sie bildet, wie Hantzsch[1]) fand, nur unter Strukturänderung Salze mit Alkalien. Bamberger hat also die Constitution der Diazobenzolsäure richtig angegeben. Die auf S. 92 erwähnte, von Bamberger gefundene Bildung von Diazotaten aus Nitrososäureaniliden durch alkalische Verseifung, sowie die Bildung derselben aus Diazobenzolsäure bei der alkalischen Reduktion sind auf Ionisationsisomerie zurückzuführen.

Am Schlusse dieser Betrachtungen über die Diazohydrate sei noch darauf hingewiesen, dafs die für dieselben von Bamberger vorgeschlagenen Formeln

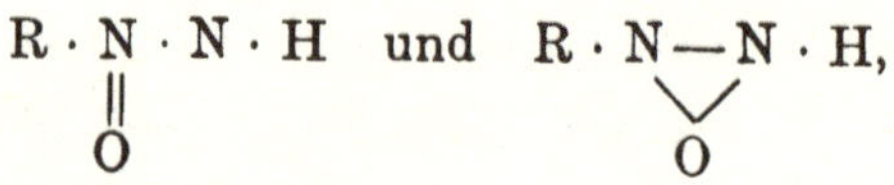

ferner jene von Walther[2])

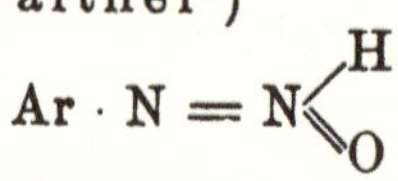

---

[1]) Ber. **35**, 258 [1902].

[2]) Journ. f. pr. Chem. **51**, 508 und 585. Vergl. u. a. Goldschmidt. Ber. **21**, 2578 [1888].

und die auf Grund der Molekularrefraktion von Brühl[1]) aufgestellte Formel

$$Ar \cdot H \cdot N \cdot \left\langle \begin{matrix} N \\ | \\ O \end{matrix} \right.$$

den tatsächlichen Verhältnissen nicht Rechnung tragen, da sie nicht zur Anschauung bringen, dafs die Diazohydrate $C_6H_5N_2 \cdot OH$ ausgesprochen basische Verbindungen, Elektrolyte und in wässeriger Lösung gröfstenteils in die Ionen $(C_6H_5N_2)$ und (OH) zerfallen sind. Eine Formel für diese Verbindungen, welche keine Hydroxylgruppe aufweist, kann demnach nicht in Betracht kommen.

Über die Tautomerie der Diazoaminoverbindungen.

Anschliefsend an die Betrachtung der Strukturisomerie zwischen Antidiazohydraten und Nitrosaminen ist zu erwähnen, dafs die eigentümlichen Verhältnisse, welche bei Diazoaminoverbindungen obwalten und früher als Isomerie gedeutet worden waren, durch Hantzsch näher beleuchtet wurden. Durch ihre bemerkenswerte Beständigkeit beim Erhitzen und das geringe Kupplungsvermögen erweisen sich diese Verbindungen zunächst als Antidiazokörper. Das Fehlen des Auftretens von isomeren Diazoaminoverbindungen bei der Kombination von Diazoniumsalzen und Aminen mit ungleichen Substituenten in beiden Kernen führt

[1]) Zeitschr. phys. Chem. **25**, 606.

ferner Hantzsch[1]) auf Tautomerie zurück. Ähnlich wie das Hydroxylwasserstoffatom der Antidiazotate zu wandern vermag und so zur Bildung von Phenylnitrosoaminen Veranlassung gibt, so könne auch das Aminowasserstoffatom der Antidiazoaminoverbindungen wandern, und es wäre so die Möglichkeit zur Bildung von zwei strukturisomeren Formen gegeben:

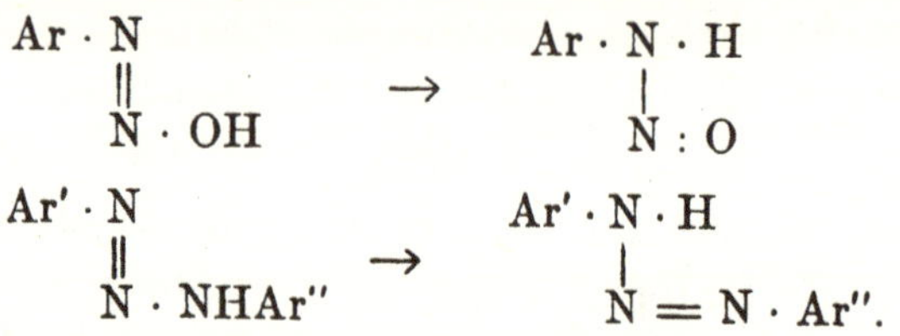

analog

Während aber die beiden ersten Formen in einigen Fällen tatsächlich isoliert werden konnten, also zwei strukturverschiedene Typen darstellen, ist die Verschiedenheit der beiden letzteren so gering, dafs die Rückwärtswanderung des betreffenden Wasserstoffatoms erleichtert ist, und daher zwei strukturverschiedene Formen nicht gefafst werden können. Hiernach charakterisieren sich die fraglichen Verhältnisse bei Diazoaminoverbindungen als Tautomerie.

Normale Diazoverbindungen als Pseudodiazoniumverbindungen; Hantzsch 1899.

Im Laufe der Fortführung des Vergleiches der Diazoniumverbindungen mit bestimmten Ammonium-

[1]) Hantzsch und Perkin, Zur Kenntnis der Diazoaminoverbindungen. Ber. 30, 1394 [1897].

verbindungen ermittelte Hantzsch[1]) neue Beziehungen zwischen diesen beiden Reihen, die ihre vollkommene Analogie deutlich vor Augen führt. Als vermittelnde Überlegung mag die folgende gelten: Wie es Säuren gibt, welche nur unter Änderung ihrer Struktur Salze zu bilden vermögen, also als Pseudosäuren zu bezeichnen sind, so kann es auch Stickstoffbasen geben, welche nur unter analogen Bedingungen Salze liefern; solche Basen wären demnach als »Pseudobasen« zu bezeichnen. Diese Basen müfsten sich demnach durch Abwesenheit der eigentlichen Basenreaktionen, also neutrale Reaktion und elektrische Indifferenz von den wahren Ammoniumbasen unterscheiden.[2]) Hantzsch unterscheidet 3 Klassen von Ammoniumhydraten: 1. Stabile, d. h. auch im undissoziierten Zustande beständig, nicht freiwillig zerfallend; in Lösung völlige Analoga des Kalihydrates. Es sind dies die Tetraalkylammoniumhydrate. 2. Labile mit Tendenz zum Übergange in Anhydride vom Ammoniaktypus. Es sind dies Ammoniumhydrate mit einem bis vier Aminowasserstoffatomen, also Tri-, Di- und Monoalkylammoniumhydrate und Ammoniumhydrat selbst. 3. Labile Ammoniumhydrate mit Tendenz zur Bildung von Pseudoammoniumhydraten. Sie sind nur in völlig dissoziiertem Zustande als labile

[1]) Ber. 32, 3132 [1899].

[2]) Hantzsch und Kalb, Über Pseudoammoniumbasen Ber. 32, 3109 [1899].

Form aus den betreffenden echten Ammoniumsalzen primär zu erhalten, gehen aber sogar in wässerigen Lösungen mehr oder minder rasch in die in fester Form stabilen isomeren undissoziierten Pseudobasen über. Hierher gehören die meisten Ammoniumhydrate mit ringförmiger oder doppelter, besonders die mit chinoider Bindung zwischen Ammoniumstickstoff und Kohlenstoff. Es sind also Pseudoammoniumhydrate die meisten festen Basen, welche aus den Jodalkylaten von Pyridin-Chinolin und Acridinbasen und auch solche, welche aus den Farbstoffsalzen von chinoider Natur entstehen.

Diese Umwandlung der primär gebildeten labilen Ammoniumhydrate in die Pseudoammoniumhydrate läſst sich nach Hantzsch so darstellen:

$$\overset{IV}{R} \vdots \overset{V}{N} \cdot OH \quad \rightarrow \quad HO \cdot \overset{IV}{R} \vdots \overset{III}{N}$$

und findet statt, indem das ursprünglich am Ammoniumstickstoff befindliche, abdissoziierte basische Hydroxyl sich an einem Kohlenstoffatom des mehrwertigen Radikales festsetzt. Es verwandelt sich also sozusagen ein zusammengesetztes organisches Alkali in ein indifferentes organisches Hydrat, oder mit anderen Worten: Pseudoammoniumbasen sind Carbinole:

$$\left(C \overset{\diagdown}{\underset{\diagup}{=}} \overset{V}{N} \cdot + OH' \right) \quad \text{wird} \quad HO \cdot C \overset{\diagup}{\underset{\diagdown}{-}} \overset{III}{N}.$$

So ist z. B. die Base aus dem Jodmethylat des Phenylacridins, welche für Methyl-Phenylacridiniumhydrat gehalten wird, nach Hantzsch in Wirklichkeit eine Pseudobase, nämlich Methyl-Phenylacridol. Als Beweis für die Richtigkeit dieser Ansichten führt Hantzsch an, dafs in einigen seltenen Fällen die Existenz der echten Ammoniumbase, wenn auch nur in wässeriger Lösung quantitativ nachgewiesen werden konnte und dieselbe sich als starke, dem Kalihydrat ähnliche Base erwies. Dieses zusammengesetzte Alkalihydrat isomerisiert sich jedoch als labile Form mehr oder minder rasch zu der stabilen indifferenten Pseudobase. Man hat also auch hier wie bei den Pseudosäuren abnorme Neutralisationsphänomene zu erwarten. Dies ist tatsächlich der Fall. Aus echten ringförmigen oder chinoiden Ammoniumchloriden wird durch Natron oder Silberoxyd primär die Lösung einer starken, dem Kali ähnlichen Base erhalten.

$$R \vdots N \cdot Cl + NaOH\ (AgOH)$$
$$= R \vdots N \cdot OH + NaCl\ (AgCl).$$

Allmählich aber treten die Ionen dieser echten Ammoniumbase zu der undissoziierten Pseudobase zusammen und verschwinden sodann, d. h. die anfangs stark alkalische Lösung wird neutral:

$$R \vdots N^{\cdot} + OH' \rightarrow HO \cdot R \vdots N.$$

Dieser Isomerisationsvorgang, Umwandlung des Ammoniumsalzes in Pseudobase, kann ähnlich wie die Umwandlung eines wahren Salzes in die Pseudosäure durch Titration mit Säure, hier durch Titration mit Alkali qualitativ[1]) und quantitativ verfolgt werden; analog natürlich die rückläufige Isomerisation. Ohne Berücksichtigung der Zwischenprodukte lassen sich beide Vorgänge so darstellen:

Ammoniumverbindung — Pseudobase

$$R \vdots N \cdot Cl + NaOH = NaCl + HO \cdot R \vdots N$$

neutral — alkalisch — neutral

und

Pseudobase — Ammoniumsalz

$$HO \cdot R \vdots N + HCl = H_2O + R \vdots N \cdot H \cdot Cl.$$

Auf rein chemischem Wege erfolgt die Erkennung der Pseudobasen analog jener der Pseudosäuren durch ihre Reaktionsunfähigkeit gegenüber trockenen Säureanhydriden, welche ihren Grund in der Abwesenheit von Wasserstoffionen hat.

Ammoniumcyanide und Pseudoammoniumcyanide. Dem Verhalten der Ammoniumhydrate der genannten Klasse entspricht vollkommen jenes der Cyanide. Aus diesen Ammoniumsalzen entstehen durch Cyankalium primär echte Ammoniumcyanide $R \vdots N \cdot C \vdots N$, die ganz analog dem Cyankalium sind; sie isomerisieren sich aber zu den nicht dissoziierten Pseudoammoniumcyaniden, welche durch Säurebeständigkeit, Unlöslichkeit in Wasser, Löslichkeit

[1]) Es bleiben nämlich die Lösungen der Ammonbase bezw. Pseudobase beim Titrieren mit Alkali bezw. Säure solange neutral, bis beide in Pseudobase bezw. Ammonsalz verwandelt sind.

in indifferenten Lösungsmitteln sich ebenso als echte organische Verbindung von dem ihm isomeren ionisierten Cyanide unterscheiden wie die Pseudobase von der echten Base:

Ammoniumcyanid		Pseudoammoncyanid
R ⋮ N · CN	→	CN · R ⋮ N
dissoziiert		undissoziiert[1]).

Die Beziehungen zwischen dieser Klasse von Ammoniumverbindungen und den Diazoverbindungen aufzufinden, dürfte nicht schwierig sein. Hantzsch unternahm seine Untersuchungen über Stickstoffbasen mit doppelten und ringförmigen Bindungen und ihre Umlagerungen in Pseudobasen hauptsächlich um zu zeigen, dafs die sogenannten abnormen Reaktionen (Umlagerungen) der Diazoniumsalze nicht eine den Diazokörpern spezielle analogielose Eigenschaft ist, sondern tatsächlich bei Ammoniumsalzen von analogem Bau in ähnlicher Weise auftreten. Diese Arbeiten zeigten, dafs auch Ammoniumhydrate nur dann stabil sind, wenn jede Gelegenheit zu molekularer Umlagerung ausgeschlossen ist. Dieses ist aber nur bei den echten quaternären der Fall. Alle anderen sind labil und gehen durch Hydroxylionen in Verbindungen von Ammoniaktypus über. Es sind also Alkalien, wie

[1]) Über die von Hantzsch angeführten Beispiele von Ammoniumbasen und Pseudoammoniumbasen bezw. -Cyaniden siehe den experimentellen Teil der Abhandlung über Pseudobasen S. 3115—3130.

oben gezeigt, auch Cyankalium und wahrscheinlich auch neutrale Alkalisulfite die Reagentien, welche solche Ammoniumsalze in Pseudoammoniumverbindungen verwandeln. Nun gehören aber auch die Diazoniumverbindungen, da auch sie mehrfache Bindungen am Ammoniumstickstoff enthalten, zu dieser Art von Ammoniumverbindungen. Die aus ihnen durch die erwähnten Reagentien erhaltenen Verbindungen sind die sogenannten normalen Diazoverbindungen vom Azotypus, und es könnten diese letzteren ebenso gut Pseudodiazoniumverbindungen genannt werden, wenn sie nicht sterisch als Synkörper besser charakterisiert wären. Man sieht nun auch ein, dafs ein normales Diazotat

$$\begin{array}{l} C_6H_5N \cdot OMe \\ \ \ \ \ \ \ \ \ \ \ \ \ ||| \\ \ \ \ \ \ \ \ \ \ \ \ \ N \end{array}$$

nach der Auffassung von Bamberger und Blomstrand nicht beständig sein kann, denn es würde dann das Diazoniumhydrat die einzige aus dieser Gruppe von Ammoniumbasen sein, welche durch Hydroxylionen nicht zur Pseudobase isomerisiert würde.

Dafs die normalen Diazoverbindungen den Pseudoammoniumverbindungen in allen wesentlichen Punkten entsprechen, zeigt Hantzsch auf folgende Weise: Die Übereinstimmung besteht I. in bezug auf die empirische Zusammensetzung: denn es gibt kein echtes Ammoniumoxyd oder -Alkoholat, wohl aber die entsprechenden Pseudoverbindungen; ferner kennt man Pseudoammoniumcyanide und die entsprechenden Basen. Ganz ebenso kennt man normale Diazooxyde, Diazoester, normale Diazocyanide und Salze der normalen Diazohydrate.

II. In bezug auf die Eigenschaften, die in beiden Reihen von denen der echten Ammoniumverbindungen ganz verschieden sind. Pseudoammonium- und normale Diazoverbindungen sind keine Basen, sondern indifferente Körper, in Wasser kaum und leicht in organischen Lösungsmitteln löslich; die Oxyde beider Reihen verhalten sich nicht wie Ammoniumoxyde, die Alkoholate (Ester) nicht wie Ammoniumalkoholate, die Cyanide nicht wie Ammoniumcyanide.

III. In bezug auf die Bildung. Es entstehen Pseudoammoniumhydrate durch Alkalien aus umwandelbaren Ammoniumsalzen, ebenso Pseudodiazoniumhydrate (als Salze die normalen Diazotate) aus den Diazoniumsalzen. Manche umwandelbaren Ammoniumoxyhydrate, wie z. B. Methylchinoliniumhydrat, anhydrisieren sich zu Oxyden (Methylchinolinoxyd), ebenso manche Diazoniumhydrate zu Diazooxyden. Erstere Hydrate liefern Pseudoammoniumalkoholate, letztere ganz analog Diazoäther; erstere geben mit Cyankalium Pseudoammoniumcyanide, letztere normale Diazocyanide. Endlich werden die meisten Verbindungen vom Pseudoammoniumtypus durch Säuren rasch wieder in die echten Ammoniumsalze zurückverwandelt; ganz ebenso gehen die meisten normalen Diazoverbindungen momentan in Diazoniumverbindungen über. Diese Analogien in bezug auf Zusammensetzung, Eigenschaften und Bildungsweisen beider Reihen zwingen dazu, die normalen Diazokörper als Pseudodiazoniumverbindungen zu betrachten:

Umwandelbares Ammoniumsalz → Pseudoammoniumkörper

$$\begin{matrix} C\diagdown \\ C - \overset{v}{N} \cdot Cl \\ C\diagup \end{matrix} \quad \rightarrow \quad (HO \cdot C_2H_5O,\ CN) \cdot \begin{matrix} C\diagdown \\ C = \overset{III}{N} \\ C\diagup \end{matrix}$$

(Carbinolderivate)

Diazoniumsalz → Pseudodiazoniumkörper

$$\begin{matrix} N \equiv \overset{v}{N} \cdot Cl \\ C_6H_5\diagup \end{matrix} \quad \rightarrow \quad (NaO \cdot C_2H_5O,\ CN \cdot \begin{matrix} N\diagdown \\ C_6H_5\diagup \end{matrix}\!\!\overset{III}{N}.$$

Die Überführbarkeit der Diazoniumverbindungen in Diazokörper durch Hydroxylionen ist also ganz analog der Umwandlung von Ammoniumsalzen mit Doppelbindungen in Pseudoammoniumbasen. Dafs die Analogie keine absolute ist, erscheint begreiflich, da immerhin Differenzen in der Zusammensetzung beider Körperklassen bestehen (die erste hat die Gruppe

$$\begin{matrix} C\diagdown \\ = \overset{v}{N} \cdot \\ \diagup \end{matrix}, \text{ die zweite die Gruppe } \begin{matrix} N \equiv \overset{v}{N}. \\ \diagup \end{matrix}$$

Daher kommt es auch, dafs die Pseudoammoniumkörper indifferente, an sich stabile Carbinole sind, die Pseudodiazoniumkörper dagegen schwach saure Oxime darstellen und aufserdem auch nicht stabil sind, sondern sich leicht in die Iso- oder Antidiazoverbindungen umstellen, welche aber gerade, weil sie strukturidentisch mit den ersteren sind und im Verhältnis der Stereoisomerie zu ihnen stehen, die meisten wesentlichen Eigenschaften mit ihnen gemeinsam haben.

Der durch Hantzsch geführte Vergleich der Diazoniumverbindungen und ihrer Umwandlungsprodukte der Diazotate mit den umwandelbaren Ammoniumverbindungen und den von ihnen ableitbaren Pseudodiazoniumverbindungen hat im Zusammenhange mit der Auffassung der Isodiazohydrate und -Diazotate als Pseudosäuren bzw. Salze der echten Säuren die von anderen Forschern für analogielos gehaltenen komplizierten Reaktionen der Diazoverbindungen auf bekannte Verhältnisse zurückgeführt, erklärt und zu überaus übersichtlicher Darstellung gebracht. Die Analogie der Diazoniumverbindungen mit der erwähnten besonderen Klasse von Ammoniumverbindungen ist durch diese Untersuchungen zweifellos geworden.

In dieses System der Erklärung der Eigenschaften und Umwandlungen der Diazoverbindungen lassen sich auch alle früher sehr kompliziert erscheinenden Vorgänge mühelos einreihen. So ist z. B. vorauszusehen, dafs eine aus Diazoniumsalz mit Silberoxyd bereitete Hydratlösung Diazoniumhydrat und Pseudodiazoniumhydrat (Syndiazohydrat) enthalten mufs.

Genauer ausgedrückt besteht ihr dissoziierter Anteil aus den Ionen des Diazoniumhydrates. Der nicht dissoziierte Teil mufs nach Untersuchungen von Engler und Hantzsch[1]) schon als das konstitutiv veränderte, dem Diazoniumhydrate isomere Syndiazohydrat oder auch als ein hydratisches Zwischenprodukt zwischen Diazonium- und Syndiazohydrat, oder richtiger als ein Gleichgewicht dieser Stoffe aufgefafst werden, von denen das dissoziierte Diazoniumhydrat der gegen Säuren, das undissoziierte Syndiazohydrat der gegen Basen aktive Bestandteil ist, da durch Säuren Diazoniumsalze, durch Alkalien Syndiazotate gebildet werden.

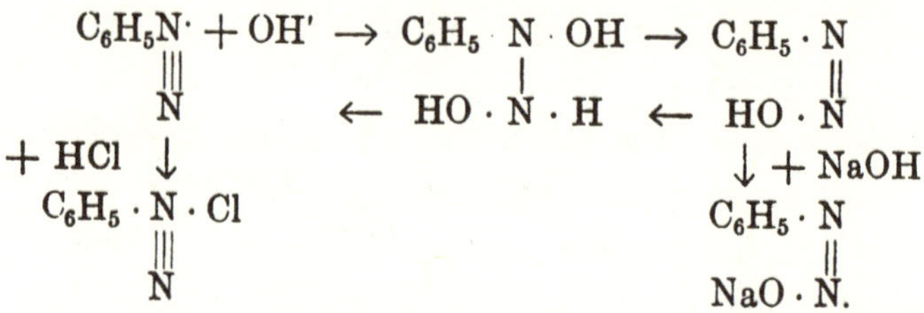

Bei der Bestimmung der Stärke verschiedener substituierter Diazoniumhydrate fanden Hantzsch und Engler die interessante Tatsache, dafs die Diazohydrate des Anisols und Pseudokumols die beständigsten sind. Sie sind in wässeriger Lösung so weitgehend dissoziiert, dafs sie fast nur aus den Ionen ihrer Diazoniumhydrate bestehen, und dafs sie wie die Alkalien keine Berechnung ihrer Affinitätskonstanten gestatten.

[1]) Ber. 33, 2147 [1900].

Je schwächer jedoch eine solche Lösung von Diazoniumhydrat ist, desto mehr wird ihr undissoziierter Anteil an Pseudodiazoniumhydrat = Syndiazohydrat überwiegen und das Zwischenprodukt der Umwandlung, das wahre Diazoniumhydrat, zurücktreten.

Am Schlusse ihrer Abhandlung geben Engler und Hantzsch die Beziehungen der Diazoniumsalze zu ihren stereoisomeren Diazotaten und die Gleichgewichtszustände bei den Diazohydraten, sowie die hier vorkommende Tautomerie in folgender Tabelle wieder:

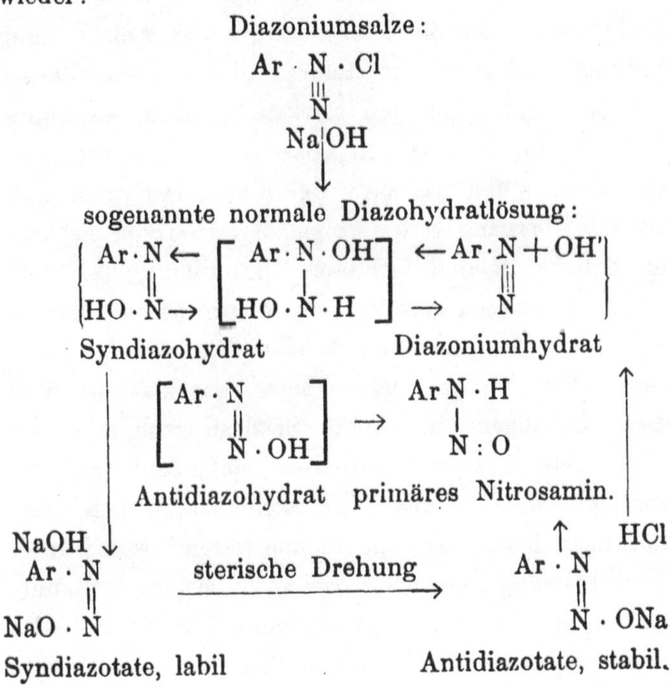

Die Syndiazocyanide sind nach der neuen Auffassung der Diazoverbindungen als Pseudodiazoniumcyanide zu betrachten und es gilt nach derselben als sozusagen selbstverständlich, dafs auch wahre ionisierbare Diazoniumcyanide existieren, die denn auch von Hantzsch gefunden wurden. Dafs erstere Pseudoammoniumverbindungen sind, erhellt daraus, dafs sie farbig in Wasser schwer, leicht dagegen in organischen Lösungsmitteln löslich und Nichtelektrolyte sind. Die Diazoniumcyanide dagegen sind als wahre Ammoniumverbindungen farblos, in Wasser löslich und Elektrolyte. Da die Diazoderivate der Anisol- und Pseudokumolreihe mit Säure und Hydroxylionen den Diazoniumtypus am stärksten tragen, so konnten gerade von diesen Basen echte Diazoniumcyanide erhalten werden. Bei diesen Derivaten nun ist der Übergang vom farbigen Synazo- oder Pseudodiazonium- in den farblosen Diazoniumtypus direkter nachzuweisen als bei den entsprechenden Hydroxylderivaten. Die betreffenden Syncyanide lösen sich nämlich in viel Wasser farblos auf und diese Lösungen sind echte Salzlösungen, d. h. sie leiten sehr gut und enthalten völlig ionisierte Diazoniumcyanide. Umgekehrt isomerisieren sich diese Lösungen beim Übergang in den festen Zustand unter Zurücklassung der farbigen nicht dissoziierten Pseudoammonium- oder Syndiazocyanide. Es besteht also zwischen diesen Syndiazocyaniden und Diazoniumcyaniden die Beziehung der Ionisationsisomerie:

Pseudosalz Echtes Salz

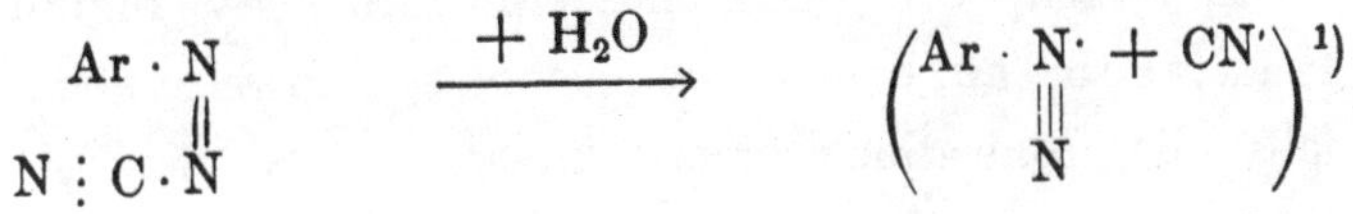

farbig, undissoziiert farblos, dissoziiert.

Diese isomeren Diazocyanide bilden nicht nur dadurch, daſs sie in den drei nach der Theorie von Hantzsch möglichen Formen, nämlich als Syn- und Antidiazo- und als Diazoniumverbindungen vorkommen, sondern auch weil sie die Erscheinungen der Ammonium- und Pseudoammoniumverbindungen im vollkommensten Maſse zeigen, die schwerwiegendsten Beweise für die Richtigkeit der sterischen Theorie der Diazoverbindungen.[2] Die Tendenz zur Ionisationsisomerie ist sonach für diese Gruppe von Diazoverbindungen, ferner für die Diazohydrate, Diazotate und die farbigen Diazohaloide nachgewiesen; für letztere dadurch, daſs, wie Hantzsch[3]) fand, viele derselben in wässeriger Lösung in die farblosen, leitenden Diazoniumsalze übergehen. Es blieben demnach nur die

[1]) A. Hantzsch, Syndiazocyanide und Diazoniumcyanide. Ber. 33, 2161 [1900]. In alkoholischer Lösung sind diese Syncyanide dagegen nicht dissoziiert wie die Diazoniumsalze.

[2]) Die halogensubstituierten Diazocyanide dagegen sind weder in wässeriger, noch in alkoholischer Lösung ionisiert.

[3]) Hantzsch, Über die Natur der Diazohaloide. Ber. 33, 2179 [1900].

Verhältnisse bei den sicher azoähnlichen Syndiazosulfonaten zu untersuchen. Obwohl dieselben nachgewiesenermaſsen in wässeriger Lösung nur zwei Ionen bilden, von denen das eine farbig ist, nimmt Hantzsch[1]) an, daſs sie wenigstens spurenweise ebenfalls die Ionisationsisomerie zeigen, daſs also ein Zwischenglied

$$\begin{array}{l}Ar \cdot N \cdot O \cdot SO_2 \cdot Na\ ^{2)} \\ \,\overset{|||}{N}\end{array}$$

Diazoniumnatriumsulfit

mit drei farblosen Ionen vorhanden ist, und es wäre somit gezeigt, daſs sämtliche normalen oder Syndiazoverbindungen eine gröſsere oder geringere Tendenz zur Ionisationsisomerie besitzen, also Pseudosäuren bzw. Pseudobasen sind.

Überblickt man die von Hantzsch bis zum Ende des Jahres 1903 erhaltenen Resultate auf dem Gebiete der Diazoverbindungen, so ergibt sich folgendes: Es wurden festgelegt die Constitution der Diazosäuresalze und ihre Beziehungen zu den übrigen Diazoverbindungen, sowie die Art der typischen Diazospaltung. Die Theorie der stereoisomeren Diazoverbindungen wurde an den Beispielen der Diazosulfonate, Diazocyanide und Diazometallsalze begründet; es waren

---

[1]) Ebenda S. 2168.

[2]) Nicht zu verwechseln mit dem Diazoniumsulfonat von Bamberger: $Ar \cdot \underset{\overset{|||}{N}}{N} \cdot SO_3Na$.

die Übergänge der durch diese drei Paare von Verbindungen bezeichneten Klasse von Diazoverbindungen in Diazoniumverbindungen klargelegt und gezeigt worden, dafs die Gesamtheit der Diazokörper sich in zwei Hauptgruppen, in ammoniumähnliche Diazoniumverbindungen und in azoähnliche[1]) Diazokörper teilt. Die viel-

---

[1]) Ausgehend von der Tatsache, dafs gegenwärtig eine Grenze zwischen echten Diazokörpern und azoähnlichen oder wirklichen Azokörpern weder bezüglich der Stabilität noch bezüglich der Farbe zu ziehen ist (vergl. S. 46) und viele der neuentdeckten Verbindungen eher zur Azo- als zur Diazogruppe zu rechnen sind, nimmt Hantzsch, Ber. **33,** 2556 [1900], nach dem Vorschlage von Baeyer für alle Verbindungen der Form $R_1 \cdot N : N \cdot R_2$ den Namen Azokörper an und bezeichnet nur die im Sinne der Griefsschen Auffassung ringförmigen Diazofettkörper mit der Gruppe

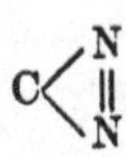

als echte Diazoverbindungen. Die aromatischen Diazoverbindungen erhalten demnach folgende Namen:

$Ar \cdot N : N \cdot CN$ Benzol-Azocyanide (früher Diazocyanide).

$Ar \cdot N . N \cdot CO_2H$ Benzol-Azokarbonsäuren (früher Diazokarbonsäuren).

$Ar \cdot N : N \cdot COC_6H_5$ Benzol-Azobenzoyl oder Benzoylazobenzol (früher Benzoyldiazobenzol).

$Ar \cdot N : N \cdot SO_2 \cdot C_6H_5$ Benzol-Azophenylsulfon (früher Diazosulfon).

$Ar \cdot N : N \cdot SO_2OH$ Benzol-Azosulfonsäure (früher Diazosulfonsäure).

$Ar \cdot N : N \cdot OMe$ Benzol-Azotate (früher Diazotate).

$Ar \cdot N : N \cdot OH$ Benzol-Azohydrate (früher Diazobenzolhydrate).

$Ar \cdot N : N \cdot OCH_3$ Benzol-Azomethyläther (früher Diazobenzolmethyläther).

$(Ar \cdot N : N)_2O$ Benzol-Azooxyd (früher Diazobenzoloxyd).

umstrittene Frage, ob die erste dieser Gruppen tatsächlich Ammoniumcharakter besitze, wurde durch den Nachweis einer bis ins Detail gehenden Analogie derselben mit jener der umwandelbaren Ammoniumverbindungen unwiderleglich im positiven Sinne gelöst. Überdies war die Kenntnis der Diazohydrate, von denen bisher nur eine einzige aus den Antidiazotaten hervorgehende Form bekannt war, durch Hantzsch um ein Bedeutendes erweitert worden durch den Nachweis, dafs auch in dieser Gruppe sowohl der Diazoniumtypus als der Diazotypus vertreten ist. Hierzu kam um die Mitte des Jahres 1902 noch die Isolierung der freien Antidiazohydrate in fester Form, so dafs von Diazohydraten und deren Umwandlungsprodukten z. Z. bekannt sind: Diazoniumhydrate und Syndiazohydrate in Lösung; Antidiazohydrate und Phenylnitrosamine in fester

---

$Ar \cdot N : N \cdot S \cdot C_6H_5$ Benzol-Azothiophenyläther (früher Diazobenzolthiophenyläther).

$Ar \cdot N : N \cdot N \cdot HC_6H_5$ Benzol-Azoanilid (früher Diazoaminobenzol), dagegen $Ar \cdot N : N \cdot C_6H_4 \cdot NH_2$ Benzol-Azoanilin.

$(ArN : N)_2NH$ Bis-Benzolazoamid (früher Bisdiazoamidobenzol).

Für die beiden stereoisomeren Unterklassen der Verbindungen von der Strukturformel $ArN : N \cdot R$ werden die Namen

$$\begin{array}{c} ArN \\ \| \\ R \cdot N \end{array} \text{ Syn-Azokörper, } \qquad \begin{array}{c} Ar \cdot N \\ \| \\ N \cdot R \end{array} \text{ Anti-Azokörper}$$

vorgeschlagen. Aufzugeben wären die Bezeichnungen normale und Isodiazokörper, der Name Diazoniumsalze dagegen beizubehalten.

Form, von welchen letztere im Verhältnis von Säure zu Pseudosäure stehen.

Durch seine Untersuchungen über die Diazohydrate zeigte Hantzsch, dafs auch in dieser Gruppe wenigstens das erste der beiden Charakteristika der aromatischen Diazoverbindungen, nämlich Ionisationsisomerie und Stereoisomerie, vertreten ist, und aufserdem, dafs die von anderer Seite so stark hervorgehobene Strukturisomerie bei Diazoverbindungen allerdings besteht, aber in anderem Sinne als angenommen worden war.

Nachstehende Tabelle soll die bei den einzelnen Gruppen von Diazoverbindungen vorkommenden Arten von Isomerien vergegenwärtigen:

Diazocyanide	zeigen	Ionisationsisomerie und Stereoisomerie
Diazohydrate	»	Ionisationsisomerie
Diazotate	»	Stereoisomerie
Diazosulfonate	»	Stereoisomerie
Diazosäuresalze . . .	»	z. Teil Ionisationsisomerie
Antidiazotate und Phenylnitrosamine	»	Strukturisomerie.

Die durch Hantzsch festgelegte Theorie der Diazoverbindungen erscheint von solchem Umfange und einer so weitgehenden Vollständigkeit, dafs sie als der vollkommenste Ausdruck für die Eigenart dieser Verbindungen gelten mufs.

Mehr Beweise für die Richtigkeit einer Theorie als sie hier erbracht wurden, dürften auch Gegner derselben nicht beanspruchen wollen. Hantzsch hat seine Auffassung über die Stereoisomerie der Diazoverbindungen seit Aufstellung der Hypothese in keinem Punkte geändert, im Gegenteil sie in der Folge voll begründet und nur in bezug auf die Constitution der Diazosäuresalze seine ursprüngliche Ansicht im Laufe der Zeit geändert bzw. modifiziert. Auf der anderen Seite sah sich Bamberger zu einer dreimaligen Abänderung seiner Hypothese in bezug auf die Hauptfragen der Constitution der Diazoverbindungen veranlafst, schlofs sich später in wesentlichen Punkten der Auffassung von Hantzsch an, vermochte jedoch an Stelle der von ihm nicht akzeptierten sterischen Theorie keine den Tatsachen in gleicher Weise Rechnung tragende zu setzen. Die Constitution der Diazosulfonate, Cyanide und Hydrate ist durch Bamberger bis heute nicht erklärt und seine Darstellung des Gegenstandes daher nicht erschöpfend.

Unermüdlichem Forschersinne ist es gelungen, auf dem Gebiete der Benzoldiazoverbindungen alle wünschenswerte Klarheit herzustellen und auch Grundlagen für die Beurteilung der bei mehrkernigen aromatischen Diazoverbindungen eventuell noch zu erwartenden graduellen Abweichungen in den Eigenschaften der entsprechenden Individuen zu schaffen Daſs solche Verschiedenheiten bei den Diazoverbindungen des Naphthalins etc. vorhanden sind, bzw. sein werden, ist von vornherein zu erwarten, da die Eigenschaften eines bestimmten Atomkomplexes innerhalb gewisser Grenzen variabel und u. a. Funktionen des Einflusses der ihnen benachbarten Gruppen sind. In der Benzolreihe wurde schon frühzeitig von Grieſs die Einwirkung von Halogensubstituenten auf die Beständigkeit der Diazoniumsalze beobachtet. Bamberger bzw. Hantzsch stellten später diese Beziehungen genauer fest. In der Naphthalinreihe scheint u. a. die Nitrosaminform des Diazohydrates ganz besonders beständig zu sein. Von Erdmann[1]) wurde ferner gefunden, daſs die (1,4) Diazonaphthalinsulfosäure gegen Reibung und Stoſs unempfindlich, d. h. die (1,8) Diazonaphthalinsulfosäure verwandelt sich beim Erhitzen nach Schultz[2]) und Erdmann[3]) unter Stickstoffentwicklung in Naphthosulton. Vor kurzem wurden von L. Wacker[4]) Mitteilungen über den Austausch der Diazogruppe durch die Aminogruppe bei Derivaten des Antrachinons gemacht und in jüngster Zeit konstatierte J. Erber[5]) die beträchtliche Beständigkeit von freiem α- und β-Diazoalizarin.

---

1) Ann. d. Chem. **247,** 329 [1888].
2) Ber. **21,** 3162 [1888].
3) Ann. **247,** 381 [1888].
4) Ber. **35,** 2593, 3920 [1902].
5) Inaug.-Dissert. München 1903.

Durch Cain und Nicoll[1]) wurden ferner die Untersuchungen über die Beständigkeit der Diazoniumsalze von der Benzolreihe auf die des Naphthalins übertragen. Endlich stellte Orton[2]) interessante Beobachtungen über den Austausch von Halogen gegen Hydroxyl in halogensubstituierten Diazoniumhydraten der Benzol- und Naphthalinreihe an. Es ist sonach ein erfreuliches Weiterarbeiten auf den gewonnenen Grundlagen allseits zu konstatieren.

---

[1]) Journ. Chem. Soc. **81**, 1412; **82**, 206, 244 [1902].

[2]) Chem. News. **87**, 13 [1903]. Proc. Chem. Soc. **18**, 252 [1903].

Autorenregister.

Sachregister.

www.ingramcontent.com/pod-product-compliance
Lightning Source LLC
LaVergne TN
LVHW042234300926
849161LV00003B/352
* 9 7 8 3 4 8 6 7 3 3 5 8 7 *